生活因阅读而精彩

 生活因阅读而精彩

让生命从内打破

成功者教会你的10堂人生课

陈 群◎著

中国华侨出版社

图书在版编目(CIP)数据

让生命从内打破:成功者教会你的10堂人生课 / 陈群著.
—北京:中国华侨出版社,2014.6

ISBN 978-7-5113-4706-0

Ⅰ.①让… Ⅱ.①陈… Ⅲ.①成功心理–通俗读物
Ⅳ.①B848.4-49

中国版本图书馆 CIP 数据核字(2014)第113841号

让生命从内打破:成功者教会你的10堂人生课

著　　者 /	陈　群
责任编辑 /	荼　蘼
责任校对 /	孙　丽
经　　销 /	新华书店
开　　本 /	787毫米×1092毫米　1/16　印张/17　字数/235千字
印　　刷 /	北京建泰印刷有限公司
版　　次 /	2014年8月第1版　2014年8月第1次印刷
书　　号 /	ISBN 978-7-5113-4706-0
定　　价 /	32.00元

中国华侨出版社　北京市朝阳区静安里26号通成达大厦3层　邮编:100028
法律顾问:陈鹰律师事务所
编辑部:(010)64443056　　64443979
发行部:(010)64443051　　传真:(010)64439708
网址:www.oveaschin.com
E-mail:oveaschin@sina.com

前言

亚洲首富李嘉诚说：鸡蛋，从外打破是食物，从内打破是生命。人生亦是，从外打破是压力，从内打破是成长。如果你等待着别人从外打破你，那么你注定成为别人的食物；如果你自己从内打破，那么你会发现自己的成长相当于一种重生。

纵观李嘉诚的奋斗历程，我们不难发现，他的成功史就是一段破壳而出的过程。他生于普通的教师之家，14岁辍学，开始打工，20岁成为经理，22岁开始自主创业，32岁事业进入高峰，当他84岁的时候，他进入2013福布斯全球富豪榜前10位。李嘉诚依靠自己的力量，完成了从小学徒到商业大亨的转变。他用自己的亲身经历证明了，想要成功靠的是主动地争取，而不是被动地等待，只有自己变得强大，才不会被淘汰。所以，我们看到的李嘉诚一直都在以主动的姿态让自己成长、成熟、强大。

如果我们只从"商人"这个角度来看李嘉诚，那么未免有些片面。在世人眼里，他不仅是个商人，而且也是个慈善家，是个好的合作者，好的领导，好的父亲。无论在哪个领域，他都在尽心尽力地做好自己的角色。这也是世人尊敬他的原因之一，也是他"从内打破"的见证。

对于每一个想要像李嘉诚一样成功的人来说，李嘉诚的"从内打破"是最应该学习的地方。这也是本书的主要目的，帮助那些想要成功的人了解"从内打破"的秘诀。本书共十章，分别从眼光、胆识、学识、苦难、得失、勤勉、经营、竞争、领导、教育十个方面，介绍了李嘉诚的成功理念，结合李嘉诚及其他成功人士的真实经历，分析他们成功的内在因素，详解了他为人称颂的为人处世的方式和原则。让每位读者都能够从中发现自我改变的方向和方法，学会做事，学会做人，让整个生命都会发生巨大的惊喜，这就是让生命"从内打破"的意义。

成功不是等来的，它需要人的主动。所以，与其守望成功，不如从现在开始，像李嘉诚一样从内改变自己，让自己从内成长，获得重生。

目录 CONTENTS

第❶堂课 选择理念：将他人不敢想的变成可能

- 003 / 将眼光从小口袋挪到大世界
- 006 / 只要思路不偏移
- 009 / 处处留心皆商机
- 013 / 人弃我取，人取我弃
- 016 / 多研究"天方夜谭"
- 018 / 只要看准，就迅速出手
- 021 / 跟着时代走
- 024 / 发现身边的机遇
- 029 / 保持准备状态
- 032 / 三百六十行，行行都是热门
- 034 / 海内、海外都可行

第❷堂课 胆识理念：能成功的都是有胆量的

- 041 / 不冒险才有最大的风险
- 044 / 走别人不敢走的路

048 / 花开堪折直须折

050 / 在竞争中慢慢成长

052 / 拿得起，更要放得下

055 / 在困境中另辟蹊径

第❸堂课 学识理念：做生意比的是谁学得多、学得新

061 / 书中发现"黄金屋"

063 / 学习、总结，再学习、再总结

066 / 知为上，识为先

069 / 奔跑在科技浪潮的前端

072 / "抢学问"就是"抢未来"

074 / 不是空想家，而是实干家

第❹堂课 苦难理念：每段苦都是在铺垫足下的路

079 / 苦难来了，成功近了

082 / 走过才知道低谷里有什么

085 / 能吃苦，更要会吃苦

088 / 逆袭也是一种人生

091 / 多数人都是从零开始

093 / 坚持，成功就在眼前

096 / 关心关心自己的"本钱"

第❺堂课 | **得失理念：**
世人皆醉的时候，你要醒着

101 / 不计较蝇头小利

103 / 就是要：根本停不下来

108 / 凡事预则立，不预则废

111 / 进中求稳，稳中求进

113 / 在"谦"与"傲"间不迷失

115 / 下雨之前把伞准备好

118 / 世界在变，你也得会变

122 / 别等运气，不靠谱

第❻堂课 | **勤勉理念：**
时间在追，你要更用力地奔跑

127 / 不努力，就没资格抱怨不成功

131 / 时间要靠挤一挤

134 / 总比对手多做一点

139 / 捷径到不了终点

142 / 志向，知识，恒心

145 / 运气往往昙花一现

148 / 把时间当对手，你将占据主动权

第 ❼ 堂课 | 经营理念：
赚的不仅是利，更是人格魅力

155 / 达则兼济天下

158 / 走自己的正途

160 / 细微之处守信用

162 / 保卫你的诺言

165 / 产品质量绝不出问题

168 / 对人诚恳，做事负责

170 / 德不孤，必有邻

172 / 有的生意可以做，有的绝不能做

176 / 站在对方的立场考虑问题

第 ❽ 堂课 | 竞争理念：
成功是让你的对手都相信你

183 / 一块蛋糕要分着吃

186 / 是对手，也是盟友

189 / 让生意主动来找你

192 / 厚道即商道

196 / 留个面子也不难

198 / 不打无准备之仗

201 / 与人为善很重要

204 / 诚信也是一种资产

207 / 商场重在"诚交"

第 ❾ 堂课　领导理念：
精神领袖靠的是"以心换心"

- 213 / 感谢辅佐你的下属们
- 216 / 满足员工的心理需求
- 219 / 给员工改正错误的机会
- 222 / 关爱员工像关心家人
- 226 / 授人以鱼，不如授之以渔
- 230 / 任人唯贤，而不要任人唯亲
- 233 / 领导者也要养成好习惯

第 ❿ 堂课　教育理念：
严而有格、爱而不溺

- 239 / 让孩子亲身体会父母的艰辛
- 243 / 保持勤俭、低调的家风
- 247 / 先学为人处世，再教生意经
- 250 / 温暖的爱和良好的教育
- 253 / 有一种爱叫放手
- 257 / 让孩子独自去"闯荡"

第1堂课

选择理念：
将他人不敢想的变成可能

李嘉诚有一项超越他人的长处：
投资的眼光。
他似乎总是能够准确抓住投资的项目，
选对时机。
对于想要在商界一展拳脚的人来说，
投资的眼光是首要学习的内容，
选对商机将事半功倍。

将眼光从小口袋挪到大世界

李嘉诚说:"眼睛仅盯在自己小口袋的是小商人,眼光放在世界大市场的是大商人。同样是商人,眼光不同,境界不同,结果也不同。"

在很多人眼里,一个成功的商人的标志就是赚很多的钱。毕竟,经商如果不是为了赚钱,那商人也就不是商人了。但一个成功的商人,眼里看到的,心里想到的,远远不止赚钱这么简单。如果说物质上的追求是基础的话,一个成功的商人往往会有更高的追求。这种追求,也许在外人看来比较傻,没人能理解,但这正是他们成功的不二法门。

很多人都问过李嘉诚:你都已经赚这么多钱了,还工作是为了什么?李嘉诚总是淡淡一笑:为了自己,也为了社会。这才是真正有气度的商业大家,为了自己,是因为经商是自己的一项事业;为了社会,是为了把钱集中起来办回馈社会的大事。

有这样一个小故事,在一个建筑工地,老板分别问三个包工头,你们在干什么。第一个人回答,我在为了工资而工作。第二个人回答,我在砌砖。第三个人回答说,我在建造最美的房子。一场地震过后,只有第三个包工头建造的房子是完好无损的。原因很简单,他把自己的工作当成了一项事业,一项可以近乎完美的事业。

历史上真实的晋商乔致庸,也是一个非常优秀的商人,虽然他是半路被迫经商，但一旦认准了道路，他便义无反顾地投身其中。

他没有小富即安的心态，在那个动荡的年代，虽然他只是一个普通的商人，但他依然有着其他商人所不敢想的追求。从历史上讲，他不是山西最富有的商人，但他一定是知名度最高的，因为他有着比其他商人更高的追求——汇通天下。

他接手家族生意的第一件事就是疏通茶路和丝路。这项貌似简单的任务其实是非常具有危险性。

这两条商路不仅利润巨大，而且关系着无数茶工、丝工、驼队和山西商人的命运和生计。由于社会的动荡，商路被破坏了，但乔致庸凭借着惊人的勇气，毅然将商路疏通。乔致庸在这一过程中体会到了票号的重要作用。

在那个时候，乔家还没有涉及票号生意，平遥的日升昌是全国票号的领头者。但日升昌有一个致命的缺陷就是不和中小商人打交道，在一定程度上影响了它的发展。乔致庸意识到票号的广阔前景之后，他立刻意识到这是一个多么艰难的决定。

汇通天下不仅仅只是他的一个梦想，更是一种实际行动。他进入票号业之后，把每年的利润都投入到资本中去，最终乔致庸的票号也得到了发展，也很大程度上促进了中国金融行业的发展。

商人，在中国往往是人们指责的对象。见利忘义、为富不仁是商人的标签。其实，一个成功的商人是受人们尊重的，在任何人的心里，对品德高尚的人总是充满敬意的。对于一个商人来讲，他最成功的时候不是他拥有多少财富，而是他用这些财富做了什么。有人花天酒地，声色犬马，有人却艰苦朴素，回报社会。

李嘉诚先生所讲自己工作是为了社会，这是一种大商人的追求。把经商当成毕生的事业来经营可以体现出一个人的能力，把经商当作回报社会的方式则是一种气度。

华夏集团的董事长夏春亭，以手工作坊创业，逐渐发展成为塔机和制药的综合性企业集团。就在人们为他的事业喝彩的时候，夏春亭做出了一个人所有人意想不到的举动，全力投资旅游业。旅游业投资大，见效慢，这是人所共知的。但夏春亭有着自己的打算，他把旅游项目看作是一次战略投资。在他看来，战略投资是今天栽树明天摘果子，战术投资是今天摘不到果子就不投资。夏春亭所看重的，是5年乃至10年后的回报，而不是眼前。更加令人费解的是，夏春亭没有选择已经成熟的旅游景点，而是一片荒山，由于长期的山石开采，大面积的山林遭到砍伐，最初的景象只能用山体裸露、乱石成堆、一片疮痍和荒凉来形容了。

夏春亭几乎用上了自己所有的家当，开始向大山进行挑战。山石被开采了，那就填土修山，树被砍了，那就退耕种树，山里洪水泛滥，那就拦水筑坝……

经过不断的努力，山青了，水绿了，旅游的效益也慢慢体现了出来。而这一切，夏春亭心里只有一个信念，即使我投资失败了，也要给城市留下一片绿水青山。

钱没有了可以再赚，但如果没有了精神上的追求，那么赚钱也将缺乏动力。如果一个商人只是把赚钱作为最重要并且唯一的目的，那他永远也只能是一个商人，成不了企业家。商人凭借着自己的劳动占据着社会的财富，可以去享受美好的生活，但更应该去实现自己更高的追求。能力越大往往也就责任越大，成功的商人不乏过人的能力，如果能够配上更高的追求，那就更加完美了。

只要思路不偏移

在现代社会中，人们往往会这样说，思路决定一切。经商之人往往畏惧失败，因为商场如战场，一旦失败，翻身的机会就很微小了。但成功的商人往往会觉得失败是一种锻炼，只要有成功的经营思路，东山再起就不会遥不可及。支持这些人重整旗鼓的动力就是经商的思路，坚定不移地执行自己的经商思路，所有的困难和失败都是暂时的。

在中国，有一个创业者的传奇，那就是史玉柱。在史玉柱创业的时候，虽然是以汉卡打下了自己的第一桶金，但最终使他被全国人民所熟知的产品却是保健品。1993年，史玉柱进军保健品市场，通过大规模的宣传，史玉柱创办的公司不到两年就实现了销售额上亿元的好业绩，他也成为了受人追捧的明星商人。

然而，到了1995年，全国保健品市场全面萧条。1996年，巨人推出的"巨不肥"产品失败。更为致命的是，巨人大厦建设资金告急，导致巨人集团财务严重告急，庞大的"巨人"轰然倒塌。1998年元月，巨人集团已经负债高达2.5亿元，史玉柱成为了全国最穷的人，成为了世人眼中不折不扣的失败者。

但做统计出身的史玉柱知道，自己的失败不是因为产品思路的问题，而是产品质量的问题。中国广泛的保健品市场是一个巨大的宝库，只要有适合的产品，自己一定能够东山再起。于是就有了"脑白金"的出现，也就有了史玉柱的二次创业。

没有人能确定自己一定能够成功，也没有人能保证自己不经历失败。人们常说，失败并不可怕，可怕的是被失败击倒。而心中成功的思路就像一个人在黑暗航向中的灯塔，虽然可能会有狂风暴雨，但只要能够看到方向，坚信自己的航向，最终一定是能够到达目的地的。

在困境之中，多数人想到的是坚持，总会有种信念在支持自己：总有一天，一切都会好起来。然而，这是值得商榷的一种做法。在坚持之前必须要考虑清楚，自己的思路是不是正确的。虽然很多企业有过成功的历史，但在时代变化的过程中，由于思路的错位，它们最终走向了彻底的失败。也有一些人选择了坚持自己的思路，最终达到了别人无法达到的高度。

在吉利集团老总李书福的心目中，一直有着一个造车的梦想。他看准了中国的巨大市场，更希望可以让每个低收入者都能开得起汽车。

在创业的最初阶段，人才少得可怜，所有懂汽车的，全公司加上李书福本人也就三个人，而这个"汽车"的范围还包括货车和农用车。面对这种情况，李书福想到了当初自己组装照相机和电冰箱的套路。他花了几百万元买来奔驰、宝马等名车，拆卸了自己研究。自己动手，自己画图，自己装配，没有模具，只能用水泥浇铸、胶水黏合。可是，一辆汽车有上万个部件，不可能每个部件都自己生产。一次，李书福到上海区采购零件，对方一听要造轿车认为这人有病，抬腿就走了。

在万般无奈之下，李书福只好选择与有生产权的德阳汽车厂合作，开始了自己艰难的造车生涯。按照李书福的设计生产，下线的第一批汽车表面粗糙、密封不好，上了检测台之后发现在雨天能够在汽车里养鱼，只能报废。

第二批，接着报废。直到第三批，经销商才对李书福的汽车有所认可。

1988年8月8日，一个很吉利的日子，李书福的第一款轿车"吉利豪情"正式下线了。为了庆祝正式生产，李书福向全国发出了700份请柬，但没有人去参加。

既然已经做了，就没有回头的道理。1998年，吉利采取了低价策略，打出了"中国最便宜轿车"的口号，这一举动迅速占领了低端市场。

在李书福的坚持下，如今吉利集团的经济型轿车已经占领了广大的市场，成为中低档购车者的首选。

无论是对于史玉柱还是李嘉诚来讲，他们的成功首先是思路和战略上的成功。一个优秀的企业家，首先考虑到的是自己产品研发的方向。失败了可以重来，跌倒了可以爬起来，而一旦没有了正确的方向，或者说思路错误，那损失将是致命的。

人们都说，思路是一个企业家最值得骄傲的品质，也是决定其成长的最关键因素。这虽然有些夸张，但一个可行可信的思路的确是支撑一个人不断走下去的动力。思路的高低也决定了一个商人能取得成就的高低。成功的思路是黑暗里的灯塔，只要你能坚持住，总会有到达目的地的那一刻。

处处留心皆商机

随处都有商机是每个商人的梦想,也是每个商人价值的重要的体现。优秀的商人是善于发现的,他们的眼光灵活而多变,并且把商机作为一种顺其自然的规律。在李嘉诚的经商生涯中,他的赚钱方式从来就不单一。他总能够凭借着自己睿智的眼光来发现商机,而那些行业不一定是他曾经涉及过的。

机会给予每个人都是平等的,区别就在于你是否能有眼光去发现。机会无时不在,无处不在,没有时间和地域的限制,而你所需要的,仅仅是培养自己发现机会的眼光。

在20世纪70年代末期,李嘉诚预见到了旅游业将成为香港地区的热门行业,与此相关的宾馆行业将会飞速发展,一流的宾馆将会有很高的出租率。一旦坚定了自己的想法,李嘉诚以迅雷不及掩耳之势,收买了拥有美国资本的永高有限公司56%的股权,随后又收买了其他股东的股权。这家公司的主要产业是位于香港中区的有800个房间的希尔顿大酒店。

对于这个行为,李嘉诚解释说,我当时估计,全香港地区的酒店,在两三年内租金会直线上扬。香港希尔顿的资产,已经值得我买。这就是决定性的数据,让这家公司在我手里。李嘉诚在接手饭店之后,果不其然,赶上了香港旅游业有史以来的黄金时代。

可以想象一下，随处都有商机，在很多人眼中是一个天方夜谭的传说。事实上处处有商机，商人间的区别就在于是否具有这样发现商机的眼光。只要具备这种素质，即便是身无分文的人也能够成为一位千万富翁。这不是开玩笑，而是发生在 80 年代的真实事情。

1980 年夏天的一个早晨。一个 17 岁的少年带着父亲给的 5 元钱从老家安徽到了长沙的姑母家。姑母家也不富裕，少年必须想办法自己挣钱。长沙天气炎热，少年天天用向姑母借来的冰棒箱去卖冰棒，但是挣钱甚微。在一次卖冰棒的过程中，他看到一个小男孩在垃圾桶里不停地翻拣，心里一动，我也试试去捡废品吧。

于是，他离开了姑母，和一些捡废品的人住到了长沙的市郊。最开始少年还觉得难为情，但时间久了就习惯了。他每天早上出去，晚上回来就有了一些钱。

在经过一年之后，他有了经验，也看出了一定的门道。如果能够避开废品收购者，直接和工厂打交道，自己的收益就能够增加。于是，他又做起了收购废品的业务。

后来，他又看出了新的门道。他将捡废品的人组织起来，50 个人一组，如金属组、塑料组、玻璃组等，他成了"废品头儿"。到 1993 年，他捡废品的第 13 个年头，他拥有了自己的 5 个工厂，资产达数百万元。他感受到城市环保的重要性，他决定从白色污染着手。他花了两年时间考察，先后去了日本、德国、新加坡、马来西亚等地，最后选择了日本的先进设备，于 1999 年 6 月，投资 1300 多万元，建起了长沙环保塑化炼油厂。

与此同时，他又从治理"黑色污染"着手，成立了环保橡胶制粉厂。产品用于铺设柏油路，防滑防冻，销路很好。这时，当年那个受人歧视的捡废品少年已经成为长沙市家喻户晓的"废品大王"。

由此可见，随处能够赚钱并不是一句空话，每个时代都是一样的。尤其是信息爆炸的今天，每天都会有各种有用或者无用的信息扑面而来，但只有出色的商人才能够捕捉稍纵即逝的机会。

很多人会说，我总也发现不了赚钱的热门。其实，永远没有"热门"和"冷门"之分，三百六十行，并非行行都是"热门"，但是在眼光毒辣的商人眼中，再"冷"的行业也能淘出"真金"。只要你练就一双善于发现商机的"火眼金睛"，遍地将都是黄金。

有些人做生意总是挑热门和焦点，觉得只有这样才能挖到黄金。这种选择在大多数人看来是正确的，毋庸置疑，热门和焦点能够引起大多数人的关注，本身就说明它具有一定的吸引力和无限商机。但是真正的有能力会赚钱的商人会在冷门里创造财富，挖到别人挖不到的金子。

俗话说"处处留心皆学问"，在商人眼中，"处处留心皆生意"。在我们的身边总会发现，一些人的小生意就是因为生意人随时留意而做得特别成功的。

在旅游季节，游人们游兴正浓却突然遭到大雨袭击，这时总会出现兜售廉价的雨衣雨伞者，生意很好，有时还供不应求。这是随时留意身边机会的好处。一场盛大的足球比赛将在某体育馆内进行，有人在2元钱批发来的汗衫上印上足球巨星的名字，比赛那天每一件卖10元，结果还被抢疯了，这也是随时留意身边机会的好处。

处处留心，才能有别人没有的眼光，带给自己巨大的财富。20世纪80年代，一位周姓的温州商人只身来到了上海，同其他许多温商一样，他只带了来时的车票——背水一战是温商的习惯。在上海的街头，他发现了一个现象——大街上许多人拎着或抱着大捆大捆的文件夹、财务册等行色匆匆。

通过打听得知,上海正在全面开展企业整顿,企业原有表格、账册全部更新。但商店里的表格账表是统一印制的,买回去还得重新编制,财务人为此很烦恼。这个商人拍了拍自己的脑门:这不就是商机吗?于是,他急急赶回温州,抓紧时间设计、印刷,又按照《上海市工业企业名录大全》上提供的地址、单位名称写信寄样稿、寄订单。最终功夫不负有心人,他当年净赚6万元人民币。

机遇对于每个人都是平等的,但能不能抓住就要依靠自己的眼光和行动。一个成功的商人,必须要培养出自己独特的眼光。这种眼光是不断历练后的结果,也是一个商人引以为傲的资本。

对于有的人来说,赚钱很难,怎么也发现不了商机。对于有的人来说,赚钱很容易,自己身边到处都是商机。人们经常强调眼光的重要性,这是非常有道理的。精明的商人,往往会从别人看不到的地方寻觅出机会,这就是优秀商人的才华,也是他们安身立命的最大资本。

机会对于每个人都是存在的,有的人只会等待着机会主动降临,有的人主动去寻找机会,还有人在机会来临的时候依然视而不见。商人的高下一比即可知晓。

人弃我取，人取我弃

成功的企业家往往具有这样的一项能力，那就是审时度势。所谓"时"，一个是"时势"，一个是"时机"。在正确的时机出手，生意便成功了一半。李嘉诚一生奉行的投资哲学就是稳中求进，但他也懂得投资的进退之道。在没有遇到合适的机遇之前，他宁可手持现金。但一旦他看准了机会，他便采取灾难投资法，实行人弃我取的战略。

商人最难拿捏的就是如何取舍，投资过程中最害怕的就是跟风。一个没有独立眼光的商人是永远成不了大气候的，而这种不跟风，与众人行为反其道而行之的策略是要冒很大风险的。但风险并不是商人们畏缩退避的借口，取人所弃，在别人意想不到甚至不敢去做的地方取得成功，才是真正精明的商人。

让我们先看这样一个故事。

在第二次世界大战期间，全球大部分国家都卷入到了战争之中。在战争中，人们想到最多的就是如何自保。然而在这样一个兵荒马乱的时节，依然有人创造出了巨大的财富。

两个德国年轻人看到准备逃跑的欧洲战区人民都在不顾一切地变卖家产，他们立刻意识到这是一个绝佳的机会。因为战争总有结束的一天，而人们总会回归到正常的生活轨道上。如果此时低价买入人们变卖的东西，等到战争结束后，高价卖出，肯定会收益不菲。

就在此时，其中的一个年轻人心里有了动摇，他想道：自己花钱买的东西，一旦军队过来后，这些物资都会被充军，那自己的努力就只能白费了。于是，他选择回到了乡下，选择了退缩。

另一个年轻人没有因为伙伴的离开而有所动摇。他对现有的情况进行了详细的分析，最后决定采取实际的行动。他一面大量低价收购，一面及时将这些东西转移到乡下。

几年之后，战争结束了。这个年轻人果真在战后发了一大笔财，成为了有名的富翁。很多年后，当年的两个年轻人又相遇了，那个缺乏勇气的年轻人仍然只是一个普通人，他看着以前的伙伴感叹地说了一句："早知道我也应该收购那些东西，也不至于落到现在这个地步，我就是太胆小了。"

这个故事告诉我们这样一个道理：敢于走别人不敢去走的道路，敢于抓别人不敢去抓的机会，这就是发家致富做生意的大智慧。

在市场处于低潮的时候，正是李嘉诚做出重大投资的时刻。他是这样解释的，投资一个项目要看资产是否具备长远赢利的能力，而不是看价格是否便宜。

李嘉诚过人的胆识和魄力体现在20世纪60年代中后期。当时，香港地区的整个房地产市场极为低迷。

李嘉诚经过深思熟虑，毅然决定继续在香港房地产市场投入资金。李嘉诚公开宣称："你们大拍卖！我来大收买！以后，你们有追悔莫及的那一天！"于是，他以低廉的价格一座接一座地买进大楼，还趁建筑材料疲软之时大兴土木，建起了一座座高楼大厦。

到了 70 年代初期，香港地区地价再度回升，房价上涨。而此时的李嘉诚已经建起了一座座漂亮的大楼和厂房，不久即全部出售，利润成倍增长。就这样，李嘉诚凭借敏锐的洞察力，成为这次地产大灾难中的大赢家。

在商界，流传着这样的一句话。如果 80%的人都发现有利润可赚，你就不要掺和进去，因为已经没有利润可赚了；如果 20%的人发现其中有利可图，你要付出比别人更加努力的代价才能取得较好的成功；如果只有 5%的人看到其中的商机，那么恭喜你，你可以大赚一笔了。在股市，总有一些人能够用低廉的价格在外人不看好的情况下买到优质股票，最终大获其利。

经商，就是追求一个低价买入，高价卖出的过程。只要看准行业，瞅准目标，做到人弃我取，人取我弃，反其道而行之，你最终将会成为一代大商。

世间的商人有很多，但成功的并不多。与其跟在众人后面人云亦云，不如培养自己的眼光，另辟蹊径，到达成功的彼岸。

多研究"天方夜谭"

人们往往说商人无孔不入,这其实是对商人的一种赞扬。这些思路宽广的实干者,让我们现在的生活变得更加美好。

做生意的市场是很广阔的。只要敢于去做,敢于去挑战,就能够发展机会。在别人不敢做的地方去创造成功更需要一种战略眼光,在别人未涉足的土地,率先占据一席之地,更是一种胆略。

在李嘉诚看来,做生意这件事,没有什么是不可能的,只要敢于去做,敢于去发现,就能发现很多商机,发现很多潜在的市场。然后,用自己的双手去开创属于自己的一片天空。

如果有人告诉你,他要把自己的生意做到天安门之上,你肯定认为他是个疯子。但事实真的有人做到了,他的名字叫作范鸣强。

天安门城楼自对游人开放以后,很多人都慕名前来。温州人范鸣强也不例外,带着自己的妻子和孩子登上了慕名已久的天安门城楼。

凭着温州人善于观察的天性,范鸣强发现,天安门城楼虽然对外开放了,可是却显得空荡荡,似乎少了些什么。突然,范鸣强有了一个非常大胆的想法:"可不可以在这里开一家马列书店呢?然后店内的设计风格就是以国旗的红、黄两色为主色调?来的人一定都非常感兴趣。"

回到家后，范鸣强将心里的想法和朋友们说，没想到招来的是一片反对声。有的人说："别痴心妄想了，天安门那是什么地方？能让你随便去那里做生意？"有人说："你简直是在搞天方夜谭。"

面对所有人的质疑，范鸣强没有退缩。他心中坚定信念，越是不可能的地方越是有广阔的机遇。一旦将不可能变成可能，我就可以取得巨大的成功。

1999年的时候，正好赶上新中国成立50周年，也是马克思主义传入中国100周年纪念。一直在等待时机的范鸣强知道机会来临了。于是，他坚决地拿着自己早已做好的策划方案，独自一人走进了天安门城楼管理处。

其实，就连范鸣强心中也没有把握。事实上，当时的天安门广场以及天安门城楼没有做生意的人。天安门城楼的管理员在看了范鸣强的策划书之后，当即同意了。范鸣强，将不可能变成了可能，而且抓住了市场的机遇，取得了成功。

对于一个眼界开阔的商人而言，没有什么东西能够阻挡他做生意的步伐。他们具有一种品质，那就是在别人看不出机会的地方发现商机，成就自己的事业。哪怕遇到千难万险，他们依然义无反顾。

希望集团的刘永行现在把自己的主要精力都放在了铝业生产上。这样的转变来源于去山西铝厂的一次考察，最开始的时候，他是听说用便宜的晋煤发电搞电解铝，成本很低。当刘永行看到火力发电的白色蒸汽后，脑海中突然有了一条明确的产业链：自己完全可以利用投资地的能源发电生产电解铝，而发电过程中产生的蒸汽可以生产饲料中重要的添加剂赖氨酸，而赖氨酸生产的废料又可以生产饲料和复合肥料，从而形成"铝电复合–电热联产–赖氨酸–饲料"产业格局。由此可以真正打造一个具有核心价格竞争优势的产业帝国。

从做饲料到进入重工业，这种转变是巨大的。所遇到的困难也是没法想象的：从制铝工业的流程上来看，必须先从铝土矿中提取氧化铝，才能将氧化铝经电解得到金属铝。

或许正是这些在外人眼里无法逾越的困难激起了这位四川汉子的壮志雄心。刘永行一直希望通过自己的努力，走出一条真正属于希望集团自己的希望之路。

在很多人眼中，一些投资人或者说投资项目看起来是天方夜谭，但事实上正是这些貌似不靠谱的举动让他们赢得了声誉，赢得了广阔的发展市场，成为后来者仰慕的对象。把不可能的事情变成可能，把在别人眼中是玩笑的思路变成实实在在的产品，这需要的是一种魄力，更需要的是一种把天空当作极限的广度。

只要看准，就迅速出手

在商界，李嘉诚多年来早已以他敏锐独到的眼光和迅疾果断的作风而著称。纵观其一生，许多大手笔之作都是从最初力排障碍难题开始：生产塑胶花如此，后来上盖地铁如此，希尔顿酒店如此，投资货运港口亦如此，李嘉诚总善于将商机感迅速成功地转化为行动，先声夺人。

时机对待每个人都是平等的，商人间的差别就在于是否有足够的眼光和行动力将这种时机转化成实实在在的行动。对于李嘉诚而言，他一旦看准了投资的机会，就不会产生丝毫的犹豫。最难能可贵的是他能从瞬息万变的信息中敏锐地感受到投资的方向。

李嘉诚的眼光从来就不拘于一处，早在20世纪70年代，那个时候地球通信卫星已经问世，世界范围内的信息分享也达到了一个前所未有的高度。一些有心的商人便开始利用这些信息，融入国际化的发展之中。作为杰出商人代表的李嘉诚自然也不会落后于这种趋势。他把自己的眼光投入到了遥远的加拿大，在温哥华，他大手笔的购入一批物业，然后又把目光投入到了美国的休斯敦……

以上事例有力地说明了，李嘉诚征战商场半个世纪，每次投资都使其事业发生重大转折，出现了跳跃式的发展。这都得益于李嘉诚能准确掌握最新资讯，以前瞻的目光运筹全局，运用其投资进退战略，在各个领域之间切入切出，游刃有余。在各个经营领域之间的平滑转移，使李嘉诚不仅避免了风险，而且获得了丰厚的利润。

如果说一个人的经商眼光是需要培养的，那么优秀商人就会把生活中的每一个细节都看作自己成功的一条捷径。

这是一个女性传奇的创业故事，凭借着她在商界追求细节的苛求，成就了现在的京都龙衣凤裙集团公司。如今这家集团公司下辖9个实力雄厚的企业，总资产超过亿元。而这一切都源于金娜娇的一场旅行。

1991年9月，金娜娇代表新街服装集团公司在上海举行了隆重的新闻发布会，在到南昌的回程列车上，她在和同车厢乘客的闲聊中，无意间得知清朝末年一位员外的夫人有一身衣裙，分别用白色和天蓝色真丝缝制，白色上衣绣了100条大小不同、形态各异的金龙，长裙上绣了100只色彩绚烂、展翅欲飞的凤凰，被称为"龙衣凤裙"。

这条意外得来的消息让金娜娇欣喜若狂，一打听，得知员外夫人依然健在，那套龙衣凤裙仍珍藏在身边。几经周折之后，金娜娇得到了"员外夫人"的详细地址。

这个意外的消息对一般人而言，顶多不过是茶余饭后的谈资罢了，有谁会想到那件旧衣服还有多大的价值呢？对服装新品种的执着创新让她看到了新的曙光。

金娜娇得到这条信息后心更亮了，她立即决定改变方向，马不停蹄地找到那位近百岁的员外夫人。当金娜娇看到那套色泽艳丽、精工绣制的龙衣凤裙时，作为时装专家的她也被惊呆了。从那些斑斓的图案中，她敏锐地感觉到这种款式的服装大有潜力可挖。

于是，金娜娇毫不犹豫地以5万元的高价买下这套稀世罕见的衣裙。很多人以为金娜娇疯了，花了那么一大笔钱买了一件并不实用的旧衣服。但金娜娇觉得机会抓到了一半，把机遇变为现实的关键在于开发出新式服装。一回到厂里，她立即选取上等丝绸面料，聘请苏绣、湘绣工人，在那套龙衣凤裙的款式上融进现代时装的风韵。功夫不负有心人，历时一年，设计师制成了当代的龙衣凤裙。

在广交会的时装展览会上，"龙衣凤裙"一炮打响，前来订货的国内外客商络绎不绝，短短的几天，订货额高达1亿元。就这样，金娜娇从"海底"捞起一轮"明月"，她成功了！从中国古典服装开发出现代新型式服装，金娜娇靠着一双火眼金睛，最终把一个"道听途说"的消息变成了一个广阔的市场，把一个不起眼的小厂变成一个服装的帝国。

人生短暂，梦想的路却很漫长，只有在路上不断地奔跑，才能离成功越来越近。竞争很残酷，但残酷过后的甘甜别有一番滋味，只有胜利者才有品尝这种甘甜滋味的资格。社会就是竞争的社会，只有适应之后求发展，企业才能发展，你要永远先于他人一步，成功自然会先别人一步到达你的身边。

每个人都渴望着成功，在成功的道路上，比的是谁更快。每个人每天的时间都只有 24 小时，每个人所能接触到的事物都是有限的。唯一不同的是，在这有限的时间和精力中，谁能够走得更远。

跟着时代走

李嘉诚曾这样评价机遇的重要性："能否抓住时机和企业发展的步伐有重大关联，要抓住时机，要先掌握准确资料和最新资讯，能否抓住时机要看你平常的步伐是否可以在适当的时候发力，走在竞争对手之前。"机遇是通往成功的航标，想要做成一件事并不是单纯地靠闷头苦干就可以的。愚笨的人只会守株待兔等待机遇的到来，而聪明的人总能够眼明手快，找到机遇。

商人经商需要商机，想要先人一步，就一定要眼明手快，迅速出手。有着敏锐洞察力的商人不光在身边可以发现商机，更是能够看穿新闻中的商机。

有一个老农，他每年都种植小麦和西瓜。小麦可以满足一家人的生活需要，西瓜则可以为家里积蓄一点钱财，就这样每年如此。村子里的其他人也像他这样生活着。日子虽然过得去，但还是有点清苦。

老农数年来倒也乐在其中，然而一个难题摆在了他的面前。儿子已经老大不小了，是到了结婚的年龄了，可是家里穷盖不起房，盖不起房就不会有人来提亲的。

老农心里很是着急，他急需挣钱。可是自己只有这几亩地，除了会种地就没有其他的本事了。老农想："种麦子、玉米都是挣不到钱的。西瓜也不会有多大的利润。那我该种什么好呢？"

老农每天都烦恼着，有一天，老农正在看新闻，这时县长的一番讲话吸引了他的注意力。县长在报告中说要把该县打造成养殖大县，为此政府已经投资购买了数千只牛羊。

老农像抓住救命稻草似的，兴奋地大呼小叫，此时他在新闻中看到了商机，他决定要种苜蓿。

说做就做，他把农田经过一番整理后，迅速种植了苜蓿。很多人都不解："为什么不种些能吃的粮食作物，却要种草呢？"

老农只是淡淡地说："跟着时代走。"

所有人都在嘲笑他，有的人还在等着看他明年揭不开锅的样子。

然而几个月后，老农的苜蓿长得又高又壮，这时县里派下收苜蓿的队伍，老农的苜蓿卖了很高的价格，赚了很多钱。又过了一年，老农就盖起了新瓦房，儿子也娶了媳妇。一家人过得幸福无比。

老农赚钱的原因在于他能够抓住新闻中的商机，他把新闻中的政策解读出来，然后顺应要求，种植苜蓿，最终发了财。商机无处不在，但是老农可以看穿新闻中的商机，成功就顺理成章了。

这个时代是与时间竞争的时代，一个公司的反应速度越快，那么它的竞争力就会越强。商人想要比别人快就一定要善于抓住时机。对生意人来说，对市场行情、信息了如指掌，市场预测也深思熟虑，再加上有力的组织决策，果断地进行战略决策，才能抓住商机，否则就会贻误商机，失去许多发展机会。这个世界是信息的世界，各种媒介的传播速度正在不断加快。

机遇可以是无处不在、无时不在的，走到哪里，哪里就有机遇。每一个商人都应该保持一颗时刻准备的心，因为在生活中，每一刻，每一句话都可能带来一次巨大的机遇。尤其是新闻中更是包含了许多重要信息，如果你可以看穿新闻中的商机，那么你就是商场中的佼佼者。

商机不是从天而降的，每一个商机都是自己去争取的，如果你早有准备，当机会来临时你自己就会知道怎样去把握这个机会。所以我们要想获得成功，就要有自己的梦想，要不断学习，要把握机会，通过不断的努力，总有一天会获得成功的。作为一位成功的商人，首先应具备敏锐的洞察力，领先抓住商机，能够看清形势，然后制订计划并付诸行动，这样你才能领先占领市场，从而获取利润。

商人的经验是总结出来的，这是做生意所必需的。但成功的商人绝不能仅凭经验办事，运气是不可靠的。聪明的商人总是会掌握国家宏观经济政策及最新的商业资讯，然后根据新闻中得来的信息安排自己的工作，这样有的放矢，心中便会有信心、有方向。否则，全凭经验决策，就会造成很多不必要的损失，甚至企业也会面临倒闭的危险。

发现身边的机遇

机会总是在不经意间到来,所以不必总是抱怨自己的运气不好,很多时候机会就在你的身边,只是你没有发现罢了。

机会是商人发展的最重要因素之一,一个时机可以创造很多的利益,一个时机可以改变一个公司,一个时机甚至可以让一个行业发生大变革。

1998年的拳王争霸赛举世瞩目,这场"荒谬拳击赛"当时创下了收视率纪录。不过,在电视转播商大赚的时候,有一个人在热闹中还发现了另外一个商机。

1998年的这场比赛之中,素有着"野兽"之称的拳王泰森在与另外一位拳王霍利菲尔德比赛的过程中,情急之下咬掉了对方的半块耳朵。

当这个消息传开后,所有人不禁一片哗然,成为一时间人们茶余饭后的谈资。谁能想到竟有人意识到了其中广阔的商机。

就在泰森的咬耳丑闻发生之后的第二天,一家巧克力公司推出了一种形状像耳朵的巧克力,最为玄妙的是在上面故意弄成缺了一个小角的形状,象征着被泰森狠咬的霍利菲尔德的那只著名的耳朵。就这样,此种牌子的巧克力在众多品牌的巧克力中脱颖而出,在美国乃至全世界范围内一时间大卖。

泰森的咬耳丑闻,全世界大概有几十亿人都知晓,恐怕有不少人当初还看过那场著名拳赛的现场直播呢！但是为什么大部分人没能借着这个机会发财？你为什么没能发现泰森咬了霍利菲尔德的耳朵这件事当中，还蕴含着如此巨大的商机？

难道卡塞尔比其他人都聪明吗？其实，卡塞尔与我们一样，不过都是一个普通人。但卡塞尔能发现这个机会，是因为他时时刻刻都在寻找机会，时刻准备着用这些机会来让自己发财，这一点，恰恰是我们其他人所不具备的。

"机会只光顾有准备的头脑"，对于那些每天只是空想着去发财的人来说，再好的机遇，也不会降临到他的头上，因为他们根本发现不了机遇，他们把自己的精力都放在幻想发财之后如何去享受生活上了。因此，他们总是和机会擦肩而过，即使发现了机会，也只能让他们感到无奈和无所适从，因为他们没有能力去把握机会，也没有做好去把握机会的准备。只有那些坚持不懈的努力者，时刻都在寻觅可以改变自己命运的机会的人，才能把握住机遇，促进事业的成功。

有两个老板去一个小镇度假。小镇风景优美，民风朴实，对待外来人非常热情。最让人感到奇怪的是这个镇子上的人从不穿鞋。人人都是赤脚行走的。小镇上的姑娘非常漂亮水灵灵的，一双小脚更是十分精致。

一个老板说："哈哈，这里实在是在棒了，风景也好，人也好。不过有的人就不这样认为喽！"

另一个老板不解，便问："谁会觉得这里不好呢？"

"当然是卖鞋的人啦，这里的人们都不穿鞋，他能卖给谁呢？"老板不屑地答道。

另一个老板若有所思。第二天他便提前结束了假期。因为他不经意间发现了商机，这个小镇的人都不穿鞋，那么鞋子一定会受欢迎的。

就这样，老板急忙联系了几个制鞋的公司，然后购入了各式鞋子，运到这个小镇去卖。

起初镇子上的人们都不愿意买，但是老板乐呵呵地说："我知道你们从来没穿过鞋子，其实穿鞋子对你们是有好处的。穿上鞋子你们走路脚就不会磨出茧子了，这样姑娘们的小脚会更加好看。而小伙子穿上鞋就不怕扎脚了，这样工作起来会更有效率。而老人家穿上鞋对身体可是非常有好处的，脚暖起来，就促进血液循环，也就不容易得病了。"

镇子上的人一听，觉得有道理，何况一双鞋也没多少钱，于是便纷纷购买，这个老板最终收入颇丰。

其实机会总是在不经意间到来的，就像这个老板卖鞋一样，机会也摆在了另一个老板的面前，但是他却觉察不到。可见不是没有机会，而是有机会你却没有发现。

几个农村伙伴一起去上海闯荡，第一个看到上海的竞争力如此之大，难以忍受，于是便摇头回到了家里。第二个伙伴看到上海人如此多，感觉自己非常渺小，也灰溜溜地回家去了。第三个伙伴看到上海繁华的街道和川流不息的车辆，顿时觉得自己难以在这里活下去，也一言不发地走了。

最后一个年轻小伙子看到上海有这么多人，每个人穿的衣服都风格各异，立刻心花怒放，他觉得如果开一家服装厂生产特色服装，一定会发大财的。于是他毅然留了下来。若干年后，几个伙伴再次相聚，前几个伙伴依然在外地打工，而最后一个成为了一家服装制造公司的董事长。

其实这个年轻的小伙子并不比其他的伙伴多什么长处和优点，他只是在司空见惯中发现了商机，发现了可以让自己一展拳脚的机遇。他观察到了其他伙伴察觉不到的机会，而这成就了他。

对于生意人来说，商机无处不在，只要你能创造一些新的，加进一些创意，就会变成财富！机会不会主动送上门来的，想要抓住机遇，就一定要去努力准备。生活中不是缺少美，而是缺少发现美的眼睛。同样的，在生意场上不是缺少商机，而是缺少发现商机的头脑。

奥利莱先生在波兰的街头只身闲逛，突然想起自己需要一支钢笔，于是便走进了一家文具商店。

然而，走进这家文具店里看到钢笔的价格后，他大吃一惊：在英国只需要3美分的钢笔，在这里却卖到了26美分。奥利莱进行了一番调查，终于知道了其中的缘由：原来这里卖的钢笔之所以这么昂贵，是因为波兰并没有钢笔厂，所有的钢笔都需要进口，这样一来价格自然居高不下了。

得出这个结论之后，在波兰开办一家钢笔厂成为他最主要的信念。

有了目标后，奥利莱立刻开始着手做这件事。奥利莱开始了前期规划。他先是筹备资金，并来到德国历史最悠久的钢笔名城，那里有许多的著名钢笔生产厂家，他们掌握着制作钢笔的先进技术。为此，奥利莱聘请了一位有专业技术的骨干，为公司注入技术活力。

在结束了德国的旅行之后，他又开始进行设备的采购，将设备陆续运送到了波兰。钢笔厂迅速投入生产。

不出奥利莱所预料，他的钢笔厂在波兰生意非常红火。由于产品的性价比很高，第一年，工厂的利润就达到了100万美元。到了1926年，这家钢笔厂已经开始进行出口生意了，而奥利莱凭借着这些生意，轻松赚取了数千万美元，成为了白手起家的典型商人代表。

机会无处不在，只有那些时刻准备的人才会获得上天的青睐。即使是生活中的小事情、普通的小物件都有可能蕴含着无限的智慧。苹果会落到地上，这是所有人都司空见惯的事情，没有人会觉得奇怪，更不会有人去在意。可是牛顿注意到了，他不明白为什么苹果会往下掉而不是往上。于是他不断进行分析研究，最终发现了万有引力，成为了世界著名的大科学家。

牛顿的聪明固然重要，但是世界上的聪明人数都数不清，为什么他们却不能像牛顿一样有大作为呢？究其原因，不是他们不聪明更不是他们不幸运，而是他们不能像牛顿一样在司空见惯中寻找机遇。

鲁班是我国著名的木匠，许多人都称他为发明大王。木匠们更是称他为木匠行业的始祖。古代人们砍树都是用斧子，人们每次砍倒一棵树都会非常困难。那些身体稍微不好的人就很难胜任这项工作。鲁班看在眼里，急在心上。他希望找到一个好办法来解决这个问题。

有一天，鲁班上山砍柴，不小心被路旁的小草划破。在别人看来这是司空见惯的事情，可是却引起了鲁班的好奇，究竟是什么样的草可以割伤人呢？经过观察，原来这棵草的叶子是呈锯齿状的。鲁班大喜，心想："如果我用铁打造成这种形状，不就更加锋利了？"

想到这，鲁班顾不得砍柴，兴冲冲地跑回家，不久锯子就出现了。鲁班在人们眼中再普通不过的小草上，有了一个大发现。

因此，商人不要抱怨自己时运不济了，要改变自己命运的还是自己。机会无处不在，可是如果你没有睿智的头脑，即使机会在你身边停留一辈子，你也不会发现它的。

商人都希望自己能够抓住机遇，殊不知这些机遇都是蕴含在周围普普通通的事物中，如果你有心，如果你有意，这些完全可以被你挖掘出来，成为你发展的助推力。像李嘉诚一样，在身边寻找商机，在司空见惯中寻找机遇。你会发现，商机无处不在。当它们不经意间来到你身边时，你要善于发现机会，抓住机会。只有这样才会给自己赢得更好的未来。

一个人抓住了机遇，就能把握住有价值的生命。在知识经济时代，有志者腾飞的机遇、创新的机会或成功的契机，往往有更大的冒险性、瞬时性，机遇极易化为过眼云烟。因此，必须以坚毅果断、义无反顾的姿态，当机立断，捕捉机遇，千万不要迟延和等待，更不可优柔寡断。

保持准备状态

人们都说，机会往往垂青于有准备的人。这些人往往眼光独到，善于发现商机。由此可见，商人要想获得好的发展机会，必须学会"全天候"准备着，因为生意的机会说不定就在下一秒到来。"全天候"并不是要让商人们每天的每一个小时，每一分钟都与生意联系在一起，而是要告诉商人们，商机随处可见，你需要无时无刻做好准备，时刻保持敏锐的洞察力，去发现商机，去捕捉商机。

做生意就好比指挥作战，需要审时度势，才能把握时机。李嘉诚认为，精明的商家可以将商业意识渗透到生活的每一件事中去，甚至是一举手一投足。赚钱的机会无处不在、无时不在。李嘉诚是这样说的，同时也是这样做的。

改革开放后，中国的各项事业有了突飞猛进的发展。这时候，通过观察李嘉诚发现中国内地市场对港商乃至外资完全空白，有远见卓识的李嘉诚非常兴奋，因为他坚信这片土地有着无穷的潜力，更有着巨大地市场。

于是，李嘉诚毅然决定携百佳和屈臣氏进入中国内地的零售市场。1989年4月，和黄旗下的屈臣氏在北京开设了内地第一家店，李嘉诚的自信开始有了回报。

当时，中国的政策刚刚放开，许多香港地区投资者对内地政府开放零售业市场政策仍然持观望的态度，不敢进发内地市场。但是李嘉诚不这么想，他发现中国内地人口多，随着经济的发展，人们的生活水平也会越来越高，消费水平也会相应地水涨船高。零售业会有非常大的发展空间。于是李嘉诚在对内地进行了一番的观察和分析后，大胆地进入了内地市场。就这样，李嘉诚成为第一个吃螃蟹的人，他在内地开的店比家乐福在华第一家门店早了11年，甚至比红色资本背景的华润进入内地也早了7年。百佳和屈臣氏也分别打入内地，不单首次引入"超市"、"连锁店"、"个人护理"这些新名词，也成为外资摸索中国零售市场的急先锋。

然而，李嘉诚通过观察和分析后又把自己的发展目标定在了内地的地产业上。在李嘉诚看来，中国人口众多，目前的房子很少，在经济发展过后，人们对房屋的需求量会大大增加，这是挣钱的好机会。1992年李嘉诚通过长安街王府井东方广场项目高调杀入内地地产界，经过几年的打拼，李嘉诚成为了地产界的大亨，而内地的地产业也正如他想的那样蓬勃发展起来。李嘉诚再一次做了一回第一个吃螃蟹的人。

李嘉诚的成功告诉我们，赚钱可以是无处不在、无时不在的，走到哪里，哪里就有生意。生意是需要"全天候"来做的，每一个商人都应该保持一颗时刻准备的心，因为在生活中，每一刻，每一句话都可能带来一次巨大的机遇。

对于一个立志做生意人来讲，他要做的就是时刻擦亮自己的眼睛，思索着下一个挣钱的机会。机会无处不在，就看你是不是有足够的准备。在一些人看不到商机的情况下，果断出手，你就是赢家。如果任何人都看得到的商机，那就不是商机，也就意味着下一个赚钱机会的寻找。

只要你有足够的耐心和眼光，就能够成为百万富翁。原来，他以前也和其他农民一样，每年都会在地里种上玉米、小麦，日子过得平平淡淡。但是这个农民非常不满足，他总是分析着挣钱的路子，当他看到村子里修了路后，就毅然决然地在田地里种植了梨树。

为此，很多农民不解，甚至嘲笑他，认为他一定是疯了，明年一定没有粮食吃。这个农民也不解释，只是每天都辛勤地呵护着这些梨树。

功夫不负有心人，经过无数个日日夜夜的精心看管，梨树开了花，结了果。这时外边的订单也纷纷飞来了。

嘲笑他的农民纷纷低下了头，然后全都效仿他，把自家的地里也全都种上了梨树。出乎所有人意料的是，这个农民居然把所有的树砍倒了，所有的人都十分不解。农民不顾别人的惊讶，将砍倒的树全部制成了木筐。梨子成熟的时候，农民把筐全部卖给了梨树果农，所有的果农恍然大悟。

由此可见，只要有一颗时刻准备的心，机会总会垂青于那些有准备的人。做生意，比拼的是财力，更是一种心态和信念。一个时刻准备的人，才是一个优秀的商人，一个时刻准备的人，才能得到自己想要的成功。

很多人都会抱怨老天不给证明自己的机会，其实，在你抱怨的时候，你的眼光已经被愤怒所填满，你将看不到机会的存在的。做生意，请时刻准备着。

三百六十行，行行都是热门

在现实的社会中，有的人做生意很挑剔，这也不做，那个看起来没发展前途，到最终自己却一事无成。作为新时代的商人，必须要做到思想开放，灵活适应市场和形式的变化，并从中把握商机。如果抱着种种的禁忌而踌躇不前，这样的商人不但是可怜的，更是可悲的。

张茵第一次出现在胡润富豪排行榜的时候，许多人并不认识这个女人。很多人从未想到，她的事业就是从一团团的废纸开始的。

1985年，27岁，对于一个女人来说，正应该是相夫教子的时候。可是，张茵放弃了国内优厚的工薪和住房，带着自己仅有的3万块钱到了香港地区。张茵选择的是废纸回收这一行业。

在刚进入造纸业的时候，张茵敏锐地观察到当时内地纸张短缺的情况和其中蕴含的巨大商业潜力。我国虽然国土面积比较大，但整体的森林资源是比较匮乏的。尤其是改革开放的初期，纸张使用的速度大于森林的建设速度。在废纸回收这一块，国内废纸回收体系不是很健全。这样一来造成的后果就是：国内用纸尤其是大部分高档用纸的原料都需要进口的废纸和木浆。

张茵进入到这一"收破烂"的行业，完成了自己资本的原始积累。也开始了自己的创业生涯，也就有了中国最大的高档纸出口企业——玖龙纸业。

对于一个精明的商人来说，从来就不存在所谓的行业贵贱高低。在写字间里的白领很多时候只是看上去很美。在中国，有这样一群商人，他们无所不入，涉及的行业五花八门，但他们有一个共同的名字——温州商人。

20世纪70年代末至80年代中期，温州人经营的几乎全是赚小钱的买卖，如皮鞋、裁缝、开饭店、做纽扣、皮衣、卖小家电，等等。他们善于在小钱中发现大的价值，而且从来不会因为是小钱就轻视。他们认为钱多钱少都是钱，都能创造利润。

如果换作常人，对这些蝇头小利早已经不屑一顾，弃之如敝屣了。但就是这些蝇头小利，积少成多，也会让一个人走向成功。

有一只狮子，它已经几天几夜没有抓到猎物了，饿得两眼冒金星。没办法它只得空着肚子出来寻找食物。

它在森林里的小路上来回走着，不断地寻找食物。小鹿、野猪的美味已经让它陶醉了。

这时候，从狮子的身边跑过来一只小兔子。狮子看了看，没有追它。虽然兔子肉很鲜美，但是狮子觉得兔子太小了，还不够塞牙缝。

狮子继续往前走着，这时候它在不远处的地上发现了一只受伤的小鸟。狮子本可以吃掉它，但还是觉得太小了，就是吃上一百只也吃不饱。

就这样，狮子继续往前走着，寻找着自己心仪的猎物。不知不觉地，身边又跑过几只野兔。狮子还是嫌弃兔子小，放走了它们。

天马上黑了，狮子还是没有找到猎物。这时候它想："如果我再遇到兔子和小鸟我就吃了它们，多吃几个也会饱了。"

然而，兔子再也没有出现，狮子白白逛了一圈，又饿着肚子回到了自己的休息处。

狮子想要寻找大个的猎物这是没错的，毕竟狮子身体庞大，需要的食物也就更多。但是当大个的猎物不好找的时候，难道就饿着吗？兔子和小鸟是小，但是一路下来狮子遇到了很多。如果狮子不嫌弃猎物个头小的话，它的肚子早就满了，而不是白白跑一趟，空着肚子回来，心里还带着悔意。

很多人做生意的心态就像觅食的狮子。无论创业或者寻找合作伙伴都是希望越大越好，但最终的结果往往是徒劳无功。

李嘉诚从来都不在意合作公司的大小，因为他明白每一次的合作都是自己做大、做强的机会。因此，他从来都不管高低贵贱，只要能赚钱就是好买卖。

海内、海外都可行

在生意场上，有大世界和小世界之分。有人安分守己，守着自己的小小产业在池塘里斤斤计较；有人乘风破浪，在广阔的大洋里扬帆远行。眼光永远是一个优秀商人不可或缺的品质。冲出窠臼，让自己的产品走进国际市场是很多商人的梦想，但国际市场未知的风险和艰难吓倒了很多的人。反观李嘉诚，他在事业成功的时候居安思危，把自己置身于国际的竞争之中，把自己置身于世界经济的风浪之中，终于走出了一条属于自己的国际化道路。

在20世纪50年代中期，香港地区工业化形成热潮，由香港生产的工业品源源不断生产出来、李嘉诚塑胶厂经历过濒临倒闭的危机后，生机焕发，订单不断出现在李嘉诚的办公桌上，工厂也开足马力通宵达旦生产，营业额几乎是呈几何级增长。李嘉诚的信誉也在商业传扬开来，银行不断放宽对他的贷款限额；原料商甚至许可他赊购原料。

就在这一片大好的时刻，李嘉诚陷入了思考。香港的塑胶以及玩具厂已经有了三百多家，李嘉诚的长江只是经营状况良好但缺乏特色的一家。长江厂出口的塑胶玩具，跟同行并没有本质的区别，只是款式上的细微差别。除了同行，谁会关注一个名叫"长江的"塑胶厂呢？对此，李嘉诚感到不满并且忧虑。

李嘉诚进一步思考，香港的塑胶制品之所以被人喜欢，究其原因是依靠廉价，这是一件可悲的事情。当时的香港工资低廉，所以产品也就廉价，难道香港出产的产品就不能以质优新款而打开局面吗？李嘉诚曾想站在消费者立场上，推出新产品左右商家，因为太忙，风险又大，只能搁置。

进入塑胶业已经7年了，李嘉诚仍然觉得自己属于这一行业的平庸之辈，他从来就不是一个甘于平庸的人，他渴望着有新的突破，使长江从同行中脱颖而出。寻找突破的视野，不能是局限于香港，而是广阔的国际市场。

李嘉诚的下一个目标，是进军北美。美国和加拿大都是发达的资本主义国家，消费能力极强。李嘉诚不是"守株待兔"的机会主义者，也不遵循"酒香不怕巷子深"的陈旧过时的经营理念。他选择了主动出击，李嘉诚设计印制了精美的产品广告画册，通过香港有关机构和民间商会了解北美各贸易公司的地址，然后分寄出去。功夫不负有心人，李嘉诚通过这种方式终于打开了北美的市场。李嘉诚的塑胶花终于开遍了世界。长江成为世界最大的塑胶花生产厂家,李嘉诚赢得了世界范围内同行的尊重。

李嘉诚的国际化视野不仅仅表现在对产品的推销上,更为重要的是在人才的选用上。一个具有商业精神的领袖需要自己的帮手,而在人才的选择上,李嘉诚充分发挥了自己香港的地域条件,积极招募了一批具有国际化背景的专业人才来管理自己的公司。正是这种不拘一格,海纳百川的精神,使李嘉诚的事业蒸蒸日上。如果是创业初期需要同甘苦的人,那守业时期则需要国际化专业人才。正是这些人才将李嘉诚的事业不断推向新的高度。

在李嘉诚的周围,聚集着一批"洋大人"。由于数百年来洋人歧视华人的惯性,经济上开始崛起的华人,雇用心高气傲的洋人做下属,在当时是一个颇为荣耀的事情。那李嘉诚雇用洋人做副手,是不是也是一种炫耀之意呢?

曾有记者问过李嘉诚:"在你的集团里,雇用了不少'鬼佬'做你的副手,你是否含有表现华人经济实力和提高华人社会地位的意思呢?"对此,李嘉诚是这样回答的:"我从没那么想过,我只是想,集团的利益和工作确确实实需要他们。在我心目中,不理你是什么样的肤色,不理你是什么国籍,只要你对公司有贡献、忠诚、肯做事、有归属感,即有长期的打算,我就会帮他慢慢地经过一个时期而成为核心分子,这是我公司一向的政策。"李嘉诚是这样说的,更是这样做的。

20世纪70年代初,长江工业工厂分布在北角、柴湾等多处,员工2000余人,管理人员为200多名。此时的李嘉诚为了从塑胶业中彻底脱身投入到地产业,聘请美国人任总经理,李嘉诚只参与重大事项的决策。没过多久,李嘉诚又聘请了一位美国人为副总经理。而这其中的原因就在于这两位美国人是掌握最现代化塑胶生产的专家。

长江实业董事局副主席麦里斯是英国人，毕业于著名的剑桥大学经济系。在一次业务往来中，李嘉诚与他结识。1979 年，麦里斯正式加盟长江实业。从此以后，长江实业与本港洋行和境外财团打交道的过程多由麦里斯出面。李嘉诚如此器重他，因为个极为优秀的经济管理专家。

眼光决定视野，也决定了一个商人的高度。一个不断把自己的目光投向广阔国际市场的人，绝对不会安分于自己小小的产业。国际市场是一个大考场，有无数人成功，也有无数人失败。李嘉诚义无反顾地参与进去，是他的野心，更是他的追求。作为一个商人，他渴望证明自己，渴望着与国际上的高手过招。对手的水平才是评价自己水平的最好标尺，李嘉诚用自己的实际行动给后来者做出了表率，在商界树立了自己的地位。

第 2 堂课

胆识理念：
能成功的都是有胆量的

一个人有胆量意味着这个人敢想敢做，
能为他人之不能为。
李嘉诚便是这样的人，
他敢想敢做，勇于坚持，直面竞争，勇敢果断。
商场犹如战场，想要获胜，
就不要犹豫，克服胆怯，
拿出勇气去迎接一切挑战。

不冒险才有最大的风险

勇气是一个人做成一件事的必备要素，勇气也是自信的依赖，没有勇气就不会拥有自信的微笑，没有勇气更不会有前行的动力。一个人想要成功就一定要拿出自己的勇气来，因为只有勇敢的人才会更好地面对困难并勇敢地击败它。

生意场是非常残酷的，这样残酷的环境没有勇气的人是无法立足的。没有勇气就不要进入商业领域，其实，一个人的勇气是他将来能否成就大业的重要条件，一个敢于不断尝试，将自己置于无所畏惧状态的人才能成就一番大事业。

在印尼，基麦克默朗银行是一家老牌银行。然而到了20世纪60年代，因为管理不善，它的生机十分渺茫，已到了倒闭边缘。为了让基麦克默朗银行重新振作，负责人来到李文正的住所，以朋友的身份请求李文正设法筹集和投资20万美元，并提供一笔额外的营业资金。

负责人的请求，让李文正有些动心。但是，他当时手头上仅有2000美元的积蓄，要他筹集20万美元谈何容易！因此，选择放弃是他必须的选择。

谁知，就当其他人以为李文正会推辞的时候，他却选择了同意。因为经过一番思考后，李文正认为这是创业的重大机遇，于是当机立断，决定接受这一重大挑战。

可是，对于一个从未受过任何银行业务训练的人，想要经营好银行，这又谈何容易？不过，李文正却没有拘泥于此，而是想到了一点：基麦克默朗银行要想恢复生机，发展业务，必须打进其他银行家根本不会想到的市场中去。

李文正脑海中的市场，就是自行车行业。雅加达的自行车业，业主大多是华人。于是，他通过自己的关系，在雅加达福建籍华人中最有钱的人入股，并多方联络，广泛招股，很快就筹集了20万美元的资金。

资金准备妥当后，李文正成了这家银行的董事，并且拥有优先认购这家银行20%股份的权利。从此，他正式踏入银行界。一开始，他遇到了颇多的困难，但他虚心学习，逐渐熟悉了全部业务。由于他善于经营，在3年之内就使基麦克默朗银行获得了巨额的利润。

初战告捷，让李文正的信心十足、雄心勃勃，决心再扩大事业。1963年，他接受了即将倒闭的另一家银行——布安那银行。经过整顿之后，没几年工夫，布安那银行不仅被抢救了过来，而且获得了很大的业绩。

两家银行的起死回生，为李文正插上了腾飞的翅膀，事业突飞猛进，迅速扩展。1971年，他担任了泛印银行的执行总裁。1975年，他又经营了中亚银行。中亚银行与泛印银行相比，原来不过是一家小银行，但经过10年的苦心经营，中亚银行便成了东南亚最大的银行之一，而在印尼私人银行中则名列第一。

如果说没有孤注一掷的勇气，李文正不可能抓住这个千载难逢的机会进入商业领域，然后取得今天的成绩。商业领域永远都是机遇与风险并存的，那些一味求稳的人只能看见商场中的风险，只有那些勇敢者才会不畏风险，迎难而上，在商业领域开拓出属于自己的天地。

可以说，勇气是一个人成功的起码要求。一个人如果连一点儿勇气都没有，那么他就不会在这个竞争激烈的舞台上有所收获。有勇气的人往往会比别人更能获得机会，获得成功。愿意尝试的人才有更进一步的机会。

一个国王想把一项重要的职务委任给他的一个大臣，但是他还没有合适的人选。于是他想亲自考察一下到底谁可以胜任。他把所有的大臣都叫到身边。

国王领着这些人来到一座大门前，然后很严肃地说道："我有个问题，我想看看你们谁有能力办到这件事。这座大门非常重，你们之中有谁能把它打开？"

这些大臣见了这门都摇了摇头，其中一些比较聪明一点的，也只是走近看了看，但是也不敢去动一下。几乎所有的人都摇摇头，面露难色。

这时，一个大臣走到大门处，用眼睛和手仔细检查了大门，然后寻找方法试着去打开它。其他官员议论纷纷，有的甚至说他不自量力，每个人都在等待着他出丑。

然而，这名大臣不为所动。最后，他抓住一条沉重的链子一拉，门竟然开了。所有人都惊呆了，国王露出了笑容，大笑道："其实大门并没有完全关死，而是留了一条窄缝，任何人只要仔细观察，再加上有胆量去开一下，都会把门打开的。"

接着，国王转过头对这名大臣说："你就是我要找的人，你将要担任重要的职务，因为你不但细心，你还有勇气靠自己的力量冒险去试一试。我正需要这种人才。"

其他的大臣全都低下了头。

其实这名官员并不比别人聪明，他的成功靠的是他的勇气，因为他有勇气去尝试，他敢于接受挑战，而不是和其他人一样知难而退。他的勇气让他走在了别人前面，获得了成功。可见，想要成功，就一定要有魄力，关键时刻敢于接受挑战，敢于走上前去，与困难交手。

成功总是垂青于那些有准备的人，而那些有准备的人无不是胆识过人，敢打敢拼的。像李嘉诚这样的商人还有很多，他们敢于抓住机会，并能够立即下定决心投入挑战之中，面对无数的困难毫不退缩，勇往直前，直至看到成功的曙光。那些畏首畏尾的商人不会去大胆抓住机遇的，大好的机会总会从他们的身边溜走，他们面对的总是懊恼和不甘，悔恨和无奈。成功的天平不会倾向于他们的，而真正的成功者一定是那些肯下决心，敢做敢拼的人。

商人想要在生意场上获得一席之地的话，就需要有过人的胆识和勇气，如果没有勇气就不要进入商业领域。因为商业领域充满了太多的不确定性，没有勇气的人是不会迎难而上的，最终的结果往往会是输得一败涂地。

走别人不敢走的路

人们都渴望着成功，也希望能有人给自己指出一条简单的道路。可事实上，所谓成功，从来就没有固定的模板，更没有现成的路可以去走。要想取得成功，唯一的办法就是开拓进取，承担风险，走一条别人不敢走的道路。

在人生的路上，总会有各种选择。有人选择众人看好的坦途，有人选择别人不敢走的路。这条路，可能充满着艰险，但这是对成功者的考验。李嘉诚走的是一条别人不敢走的路，与其说这是一种赌博，倒不如说是李嘉诚对未来的自信。成功者是孤独的，尤其是伟大的成功者，李嘉诚走的路更是很多人无法想象的。

在李嘉诚想把自己的产品打入北美市场的时候，北美一家大贸易商S公司决定派购货部经理前往香港地区来进行考察。在与美方人员的电话交谈中，对方简单询问香港塑胶业的大厂家，提出了自己的要求：希望李嘉诚陪同他们的人走访其他厂家。

这家公司是北美最大的生活用品贸易公司，销售网络遍布美国、加拿大。这个机会是千载难逢的，但李嘉诚还不敢确定这个机会一定会属于长江公司。对方的意思很明显，他们将会考察香港整个塑胶行业，以期望从中选一家作为合作伙伴，或者同时与几家合作。

这将是一次竞争，需要比拼的是信誉、质量、规模。李嘉诚的目标是让长江成为北美S公司在港的独家供应商。李嘉诚相信他的产品质量是全港一流的，但论资金实力、生产规模，李嘉诚却不敢在香港同行中称老大。

在同欧洲批发商做交易的过程中，李嘉诚有限的生产规模差点儿让他的希望落空。这一次，李嘉诚决定走一条别人不敢走的道路。

留给李嘉诚的时间只有短暂的一周，他召开了公司的高层会议，在这次会议中，宣布了自己的计划：必须在一周的时间内，将塑胶花生产规模扩大到令外商满意的程度。

这一年，李嘉诚正在北角筹建一座工业大厦，原计划建成后，留两套标准厂房自用。现在，他必须另租别人的厂房应急。为了抢时间，李嘉诚委托房产经济商代租厂房，李嘉诚看过楼后，当即拍板租下一套标准厂房，这家厂房占地约1万平方英尺。迁厂所需的资金,除了自己筹集的小部分,大部分是银行的大额贷款——他以筹建工业大厦的地产做抵押。

在李嘉诚的一生中,这是一次最大最仓促的冒险。他孤注一掷,几乎是拿多年营建的事业当赌注。李嘉诚一生作风稳健,可这一次,他别无选择,要么彻底放弃,要么全力一拼。

留给李嘉诚的时间只有一周,在这一周的时间里,李嘉诚的任务如下:旧厂房的退租、可用设备的搬迁、新设备的购置、新厂房的承租改建、新设备的安装调试、新员工的聘用和培训……任何一道环节出现问题,都有可能使整个计划前功尽弃。

在这个外人看来基本上不可能行得通的道路上,李嘉诚和全体员工一起奋斗了七昼夜,每天只有三四个小时的睡眠时间。李嘉诚紧张但不慌张,哪组人该做什么,哪些工作由哪些人来做,他安排得井井有条。为此,李嘉诚每天都记录下每天的工作进度,丝毫不显慌乱。 由此可见,李嘉诚虽然敢于冒险,但并非草率行事。

在外商经理到达的那天,李嘉诚的新设备正好调试完毕。在李嘉诚从香港启德机场接到外商的时候,李嘉诚问外商:"是先休息还是先参观工厂?"外商不假思索地答道:"当然是先参观工厂。"

外商在李嘉诚的带领下,参观了全部生产过程和样品陈列室,并由衷地称赞道:"李先生,我在动身前认真看过你的宣传画册,知道你的厂比较大,设备也比较先进,但没有想到的是你的规模是这么大,设备这么先进,生产管理如此井井有条。"

李嘉诚接着说:"感谢你对本工厂的赞誉,我可以向你保证我们的产品质量、交货的期限。您已经看到我们的报价单,如果购货量大的话,还可以优惠。总之,信誉的问题,请你们绝对放心。"

"好,我们现在就可以签订合同。"美国人的性格是性急而爽快的。

在外商办完事后,李嘉诚把外商送到了酒店。在告辞的时候,李嘉诚说:"明天我来接你,去参观另外几家塑胶公司。"

外商说:"不必去了。我想请你做我的向导,去参观这里的风景,你可以做我们的独家供应商。"

于是,这家北美公司成了长江工业公司的大客户,每年来的订单数以百万美元计。并且,通过这家公司,李嘉诚获得了加拿大商业银行的信任,日后又建立了紧密的合作关系,进而为李嘉诚进军海外架起了一道桥梁。

李嘉诚的成功不是一种偶然,他所走的路是经过仔细思考的。任何一条道路的选择,都包含着一个人智慧的积累。纵观李嘉诚的一生,他走的道路有众人看好的,更有别人不看好的道路。在他事业发展的阶段,他押上了自己的所有,走出了一条别人不敢走的道路。路是人走出来的,更是人创造出来的。作为商人,谁都渴望着成功,谁都渴望着更快的成功。但事实上,成功是没有捷径的,走别人不敢走的路正是李嘉诚的选择,更是他从众多商人中脱颖而出的重要原因。

人们看到的往往是成功者收获的鲜花和掌声,有多少人去认真注意过,他们走过了多少路,其中又有多少路是常人所不敢想象的。大多成功的商人都是孤独的,他们所走的道路也都不被人理解。如果在众人的怀疑中,还能够坚持自己的选择不动摇,那么这是一种执着,更是一种勇气。

花开堪折直须折

机会总是在下一秒钟出现，能够抓住的通常都是那些勇敢的、不畏惧困难的人。机会不会等待着你，更不会给你充分的时间去左思右想，因为它是转瞬即逝的，你只有学会做决定，然后坚定地走下去。人生充满了挑战，每一次的挑战都会让人更加地成熟，更加地自信，所以，只要决定了，就勇往直前不回头。

商场上充满了变数和挑战，竞争是生意场的最直观的表现，狭路相逢勇者胜，只有勇敢者才会笑到最后。商场上同样面临着非常多的选择，每一次选择都至关重要，甚至能够左右一生。商人要做的就是果断选择后，勇往直前地走下去，不要回头，更不要害怕。

人生的长路上会有很多的十字路口，每一个路口都需要你做出抉择，做出了抉择后就应该坚定不移地走下去，而不是总是回头，犹犹豫豫。有些事是需要快速下决心的，如果不能及时地下决定，就会出现不想看到的结局。

有一个大学者，他气质非凡，仰慕者众多。有一个女子向其表达了爱慕之情，这个学者也非常喜爱这个女子，于是就答应了。

然而，学者心里还是很不安，因此屡次拒绝了女方订亲的要求。回到家，学者将结婚和不结婚的好处与坏处列下来，结果发现好坏均等，这样一来他也一时难以下定决心，因此他陷入了长期的苦恼之中。

经过几个星期的挣扎，学者终于下定决心接受女子。

第二天他兴冲冲地来到女子家中，问她的父亲："你的女儿呢？请你告诉她，我考虑清楚了，我决定娶她为妻！"

令学者震惊的是，女子的父亲回答道："对不起，你来晚了，我女儿几天前已经与另一个人订婚了。"

学者听了，整个人几乎崩溃，他后悔自己没有当机立断，后悔自己既然已经接受了这个女子，却没有下定决心完全接受她，最终落得如此下场。

学者的悲剧是他自己造成的，既然已经答应和女子在一起了，却仍然犹犹豫豫的，不肯和她订婚，最终使得女子失去了信心，嫁给了他人。作为商人绝对不能犯同这位学者一样的错误，既然下定了决心，就要坚定地走下去。犹豫不决只能错过机遇，最终失去你自认为将要得到的东西。

决心和坚定的信念是一个人通向成功的必备因素，古往今来成大事者都是果敢、有魄力的人。楚霸王项羽空有豪言壮语，最终落下了乌江自刎的悲惨结局。除了他高傲自负的原因外，他失败的根源就是不能当机立断。本来已经设下鸿门宴，想要在席间斩杀刘邦，却迟迟不肯下手，最终让刘邦死里逃生，给自己埋下了失败的隐患，最终一败涂地。项羽优柔寡断，犹犹豫豫，使得大好的局面变得对自己不利，失败是必然的。项羽的惨痛教训值得商人们深思，一个商人如果畏首畏尾，面对抉择不能当机立断，碰到机遇不敢出手，那么再好的情况也会变得糟糕，再好的机会也会被浪费，最终只会以失败告终。

既然下定了决心，就要坚定地走下去，做个像李嘉诚一样的商人，保持清醒的头脑，敢想敢做。想要去做一件事就立即下定决心，绝不拖延。下定决心后就坚定地走下去，为了实现自己的目标而奋斗。

在竞争中慢慢成长

竞争在人的一生当中可以说是无处不在，人就是在竞争中不断成长壮大的。从我们小时候的练习走路，再到读书考试，找工作，等等，每一次都离不开竞争，少不了比试。而我们就是在这一次次的竞争与比试中，不断认清自己，不断提高自己，让自己成长直至成熟起来。

我们知道李嘉诚很小就辍学打工了，但是他从来都不会为自己找借口。他不会抱怨自己底子差，这反而更加激发了他心中的斗志，他喜欢竞争，因为他知道只有在一次又一次的竞争中才会学到书本上学不到的知识，只有竞争才会让自己变得更加强大。

李嘉诚这种迎难而上，不怕挑战的精神让他一次次抓住商机，一次次地成了胜利者，李嘉诚也在一次次的竞争中提高着自己，让自己越来越自信、越来越强大。李嘉诚转战房地产业就充分说明了这一点。

李嘉诚知道塑胶业做到一定程度后就不会有更大的提高了，于是他毫不犹豫地转向房地产。随着香港地区工商业的发展，房地产在商业界中占着极其重要的地位，并且很有发展前途。但是房地产业的竞争是非常大的，为了利益房地产商可谓是机关算尽、无所不用其极。李嘉诚是一个房地产业的初学者，其竞争压力肯定不小，但是他顶住了压力，毅然前行。

1960年，他在柴湾购地兴建工厂大厦，两座大厦的面积一共有20万平方米。在李嘉诚看来，这两个地方将来一定是黄金地段。后来的结果证实了李嘉诚的推测。在香港经济迅速发展的年代，香港的港岛和新九龙中心地价猛烈上升，李嘉诚获得了丰厚的回报，在房地产业慢慢地站住了脚。李嘉诚不惧挑战，勇于竞争的性格再一次让他获得了胜利。

生意场上的竞争非常激烈，非常残酷。想要在商场上拥有一席之地就必须勇敢面对每一次的挑战。对于商人来说，只有不断地竞争，人与事业才会不断成长。李嘉诚就是一个敢于挑战自我，敢于竞争的商人。每一次的挑战都会带给他很多收获，成功了会有丰厚的回报，失败了也会有珍贵的经验。

成功来自于一次又一次的挑战，每一次的竞争都会让人越发的强大，每一次的竞争都会激励自己前行。成功不是随便就能获得的，只有经历了无数的失败后，成功才会来到你的身边。这些困难就是一个接一个的挑战，更是激发自己的良性竞争。只有在竞争中脱颖而出，你才会成为最终的赢家。

商人想要获得成功，一定要敢于挑战自我，战胜自我，让自己坦然接受竞争，接受来自外界的挑战。因为只有通过竞争，自己才会成长直至成熟；只有通过竞争，事业才会更能经得起市场和时间的考验，才会更好地面对明天。

拿得起，更要放得下

在经商的过程中，要有一种拿得起，放得下的姿态。拿得起或许很多人都可以做到，但真正到了要放下的时候，大部分人或许就放不下了。没有永远的业务，在该放弃的时候，要学会勇敢地放弃，以免造成更大的损失。

做生意没有稳赚不赔的，一个聪明的商人懂得如何将赚或者赔控制在一定的范围之内，做到给自己开拓出一条新的道路。

张钢在创立小肥羊之后，由于独特的口味受到了消费者的广泛欢迎，也吸引了大量的加盟商。小肥羊当初的连锁模式基本上是这样的：在前期的时候，小肥羊主要是找一个单店作为一级加盟商，在打开市场后吸引单店的继续加盟。想要加盟的人主要是向一级加盟商申请，各地单店主要对一级加盟商负责，总部主要对一级加盟商负责，一般一级加盟商报上去的新加盟者总部都会批准。这样在最大程度上扩展了小肥羊的影响，使得整个企业得到了飞速的发展。

但是，随之而来的就是由于对加盟控制的随意性太强，造成了小肥羊各地形象不统一，财务和预算也不完善，总部与单店之间缺乏沟通等各种矛盾。这个时候，一些加盟店甚至被曝出了卫生质量问题，这些现象都严重影响了小肥羊的品牌形象。

是要继续快速发展还是要健康发展，张钢陷入了两难的境地。经过慎重的思考，张钢做出了一个颇具大胆的决定：从2003年年底开始，小肥羊抵御住了各地不断要求加盟的申请，大刀阔斧地进行全面的战略调整，将前期追求加盟数量的扩张模式调整为专著品牌信誉、确保稳健经营的方向上来。对于各地合约到期又做不好的加盟者，小肥羊一律收回改为直营；坚定地将上海、北京、西安、深圳、天津等五大城市定为直营的战略城市。

很快，小肥羊的加盟店从700多家缩减到300多家。这样的做法并没有使小肥羊的营业额减少，反而增加了很多。

张钢的勇气是很难得的，在不知道结果的情况下，毅然减少加盟商，这貌似是自己的一大损失，其实培养出的是信誉和形象。

做生意如同带兵打仗，面对的是时刻变换的形势。一个优秀的指挥官不仅要勇于战斗，更要善于开辟新的战场。

当年，李嘉诚的长江工业在塑胶业不断开拓创新，取得了令人瞩目的成绩，成为香港地区塑胶行业的龙头老大，很多人都开始认识李嘉诚这个年轻人，可以说，塑胶业给了李嘉诚很多很多。

在一般人看来，既然李嘉诚已经在塑胶业取得了非常辉煌的成就，那么他完全可以继续做大做强。然而李嘉诚却不这么想，在李嘉诚看来，世间万事万物都有盛衰的定律，只有那些能够看到世界大市场的发展趋势的人，才能立于不败之地。

说起春兰空调，在20世纪90年代是大众熟知的品牌，是当时中国空调行业的霸主。仅仅1994年一年，春兰集团从空调这一项中就赚了近20亿元。在这一片大好的时候，春兰空调的老总陶建幸已经意识到家电产业已经走向了末路。如果过分依靠空调产业，那很难实现自己做到百亿元的规模。相比之下，陶建幸看好汽车产业的发展。

从那一年开始，春兰便停止在空调上的投入，而是把所有的利润都投入到了摩托车和汽车行业之中。1995年，春兰投资20个亿进军摩托车和汽车市场，然后又耗资7个多亿收购了南京东风汽车公司，所有的一切都在陶建幸的计划之中。虽然春兰的转型动作不是最猛烈的，但却是最为扎实和稳健的。

在激烈的市场竞争中，春兰体会到了市场的残酷，也获得了市场的认可，在空调产业遭遇危机的时候，春兰整体受到的影响却是很有限的，原因就在于经过多年的转型，春兰在整个汽车制造业中已经占据了相当的份额。在2002年，春兰研究推出国内第一项高能镍氢电池技术，并在2004年列入国家"863计划"，成为国内新能源的产业基地。

春兰的脚步是从不停歇的，从空调转型为汽车行业让春兰获得新生，但春兰也知道这远远不够。事实上，春兰的转型还在继续。到目前为止，春兰设计了一个传统产业、现代产业和未来产业三级递进的产业发展格局：即以家电为主的第一支柱产业，以卡车为主的第二支柱产业和以镍氢电池为基础的新能源产业。这样做的目的能兼顾三级产业结构，合理化分配才是春兰人最引以为豪的事情，同时也是他们在市场上最有力的竞争资本。也是春兰不断变化，不断开拓新市场的见证。

在商界，经常会有人说，不要去投资你不熟悉的行业。如果说在创业初期，这样的话是十分有道理的。但如果你已经做到了一定的高度，就应该换个思维来考虑这件事。在看准一个行业之后，要勇于开拓。俗话说，初生牛犊不怕虎，在新的行业中，你会更加容易取得成绩。

进退自如是一种人生境界，更是一种做大生意的智慧。取舍有度是人生的一种享受，更是做大商人的品格。唯有这样，才能在激烈的商战中取得先机和主动权，获得最终的胜利。

在困境中另辟蹊径

世界每天都在变化，这就决定了我们也要随着世界的变化而改变。商人也是如此，生意场上风云莫测，每一天甚至是每一分钟，都可能有翻天覆地的改变。那些一成不变的商人终究会被淘汰，只有那些能够把握住商场脉搏、懂得创新的聪明商人，才可以更好地发展。

创新不仅仅是科学家的事情，也是对商人的客观要求。创新可以为企业带来无穷无尽的活力和商机，进而为企业赢得竞争优势。公司具有创新形象，更容易博得消费者的钦佩和对其产品的青睐，从而建立起好的消费群体。对于创新，李嘉诚有非常独到的见解。李嘉诚曾经说道："为了适应时代发展变化的需要，也为了企业自身的生存和发展，企业必须以市场为导向、以创新为手段、以效率为核心，重建企业形象。这是企业形成核心竞争力的关键所在，也是在未来竞争中企业能够取胜的一个重要法宝。"

一个学生问苏格拉底："老师，你掌握的知识比我多许多倍，可是为什么你对自己的解答总是有点怀疑呢？"苏格拉底用手杖在沙土上面画了个大圆圈，又画了个小圆圈，然后说："大圆圈的面积代表我掌握的知识，小圆圈的面积代表你掌握的知识，这两个圆圈以外的地方就是你和我无知的部分。因为大圆圈比小圆圈大，因而接触的无知的部分也比小圆圈多，这就是我常常怀疑自己的原因。"

我们在上中学时，总是很骄傲，认为自己已经懂得很多，已经是大人了。可是再过几年，当跨过了20岁的门槛，真正进入大学并走向社会，我们才发现其实自己懂得很少。甚至直到步入社会，我们也还只是别人眼中的孩子。闭关自守、坐井观天，永远只能看到巴掌大的一块天；跳出井口，打开大门，你才能在广阔的天地里尽情驰骋。

当今国际社会是一个飞速发展的时代，创新精神显得尤为重要。只有拥有创新精神的企业，才能让自己立足于众多大企业之间。市场是无情的，竞争是残酷的，只有坚持创新，个人才能体现价值，企业才能获得优势，国家才能繁荣富强。

21世纪是一个知识经济的时代，世界经济一体化以及社会组织信息网络化等都将会是企业的必要因素。在这样一个经济背景下，想要在复杂多变的商场上站住脚就一定要有创新精神，因为只有拥有了创新，企业才会紧随时代的变化；只有拥有了创新，企业才会在日益激烈的竞争中脱颖而出，只有创新才能满足消费者不断提高的要求。

有一个饮料加工厂，它生产的饮料不被大众喜欢。它的包装平淡无奇，色彩一般。这个工厂生产的饮料更是没有什么特色，许多消费者都选择其他同类的产品。因此，这家工厂亏损巨大，甚至面临着倒闭的危险，工人的工资都无法结算，生活难以维持，很多的工人开始辞职，寻找新的出路。

加工厂老板看到这些情况非常着急，他来到市场里询问消费者不买自己工厂饮料的原因，经过调查，老板决定要对产品进行改革。

老板请来了一个专家，研制和市场上口味不同的饮料，当时市面上的饮料大多都是橙子味或者苹果味，老板决定另辟蹊径，研发出一种新的口味。

经过几个月的研制，这家工厂生产了一批猕猴桃饮料。为了增加饮料的吸引力，老板精心设计饮料包装，把一些中国化的、各阶层都喜欢的元素加入其中，打造出了颇具特色的包装，接着投入了市场。

消费者从来没喝过这样特色的饮料，加上包装的新颖别致，使得产品一上市便得到了人们的认可，销量持续攀升。这家饮料加工厂也起死回生，焕发了生机。

这家加工厂的老板无疑是聪明的，是创新让这家加工厂重新具有了竞争力，是创新让生产的饮料独具特色。

马克思主义哲学告诉我们世界是变化的，没有什么是永恒不变的。对于我们而言，只有不断追求新的目标，我们才会一步步不停向前。只有求新，我们才会去尝试新的挑战，接触新的领域。

齐白石是我国著名的画家，他的画艺术价值非常高。齐白石早先一直在从事木匠行业，画画完全是靠自学的，经过不懈的努力最终成为了一位获得世界和平奖的名画家。

可以说，齐白石已经站在了艺术界的最高峰。然而，面对已经取得的成功，他从来都没有满足过，成名后他依然不断改进自己的画画能力。他不断汲取历代名画家的长处，改变自己作品的风格。改变风格意味着放弃自己最擅长的画法，这是非常困难的，因为在自己的画画领域已经形成了固定的习惯，改变起来会非常困难。

很多人都不解，为什么齐白石已经成功了，却还要舍弃自己成熟的风格，去追求不一样的风格呢？

但是齐白石就是齐白石，他依然坚持自我。他60岁以后的画，明显地不同于60岁以前。70岁以后，他的画风又变了一次。80岁以后，他的画的风格再度变化。由于画画成就已经很高，使得齐白石能够更快地了解其他的画风，加上自己的一套风格，使得他不断改进的风格更具特色。齐白石的一生留下了五易画风的美谈，他的不断创新让他的艺术造诣更加完美。

他晚年的作品比早期的作品更为成熟，形成独特的流派与风格。而齐白石也在一次次的创新中，不断地蜕变。

创新是这个时代的重要因素，是顺应发展的客观要求。具有创新精神的企业总是能在竞争激烈的商场上脱颖而出。因为创新可以让企业走在同行的前面，从而引领潮流，引领行业发展趋向。进而在众多同行中赢得先机，获得市场。

第 3 堂课

学识理念：
做生意比的是谁学得多、学得新

李嘉诚学历不高，
却依然能取得巨大的成就，
这与他爱学习的习惯密不可分。
他时刻不忘吸收知识，时刻更新自己的学识，
让自己与世界的发展保持同步，
并将自己所学应用到企业管理中。
有了强大的学识做保障，成功的概率自然更高。

书中发现"黄金屋"

这是一个知识的时代,不去学习的话就很难跟得上这个时代的要求。很多与李嘉诚交往的企业家,对李嘉诚都会有这样的一个印象,他虽然没有上过什么学,可给人的感觉是一位很严谨的经济学教授。

在李嘉诚看来,这是一个不断求索、不断创新的年代。如果离开了勤奋学习,任何人将一事无成。李嘉诚经常说:"科技世界深如海,正如曾国藩所说的,必须'有智、有识',当你懂得一门技艺,并引以为荣,便愈知道深如海,而我根本未到深如海的境界,我只知道别人走快我们几十年,我们现在才起步追,有很多东西要学习。事在人为,靠自己,靠信念,还要有最新的知识以及经验积累才能够达到。"

在很小的时候,因为受到战乱影响,李嘉诚一家人迁居到了香港地区。香港的大众语言是粤语,由于潮汕话属于闽南语,彼此互不相通。香港的官方语言是英语,父亲李云经要求李嘉诚必须攻克这两种语言。一来适应香港社会,二来可以直接从事国际交流,未来如果出人头地,还可以跻身香港的上流社会。可以说这两种语言给李嘉诚带来了无法掩饰的巨大财富。如果不是从小的学习,李嘉诚很难有现在的成就。

面对父亲去世的严峻现实的时候,李嘉诚忍痛终止了自己的学业,不得不去挣钱养活家人。可是求知欲极其旺盛的李嘉诚想到了一个绝妙的读书办法，那就是买旧教材。在自己微薄的薪水中，李嘉诚抽出一点点钱买来半新的旧教材，学完后又卖给了旧书店，然后再买新的旧教材。虽然每天的工作很累，但李嘉诚从未停止过学习。

年少的李嘉诚在工作之余，只要一有时间就躲在小书房里看书，通过学习去了解外面的世界。年轻时期的李嘉诚表面上看起来很谦逊，其实内心是很高傲的。因为当同事们去玩的时候，李嘉诚自己在求学问。同事们每天都在保持着原状，而他却在不停地进步。后来李嘉诚回忆说，这是他一生中最宝贵的财富。

当然，李嘉诚看书是有选择的，他不看小说也不看娱乐新闻。因为李嘉诚要争分夺秒地"抢"学问。

李嘉诚曾说，最大的遗憾就是从小因战乱没有受过正规教育，但从没有放弃学习，至今回家仍必做两项功课，一项是晚饭后，看电视学英文，一项是就寝前的阅读。李嘉诚每晚习惯睡前阅读，常常设定一个闹钟，提醒自己不要读书至凌晨。非专业书籍，他抓重点看；如果跟公司的专业有关，就算再难看，他也会把它看完。

李嘉诚始终坚信一种观点：一切财产随时有被夺走的危险，只有知识和技能是唯一可以随身携带的财富。

在如今的社会中，文化是今天经济的资源和保证。特别是在知识密集型行业中，财富大多来自生产者的大脑。

在中国古老的言语中，"书中自有黄金屋，书中自有颜如玉"。我们很早就知道，投资在知识上的回报是最有利的。知识现在所能带来的改变已经是有目共睹的了，知识是自己的核心竞争力。

读书不仅给了李嘉诚知识，更给他带来了商机和发展，李嘉诚事业的起点,就是通过学习和读书得到的。

学习是一生的事业,无论是谁,要想成就大事业,可以没有学历,但不可以不学习。学习不应局限于学校,而应贯穿于整个人生的事业。一个人只有在生活和工作中不断学习。不断完善自己的思想和技能,才能在人生的道路上有所作为。

凡成大器之人,除了聪明,更为重要的还是勤奋学习。一个人的学历和学识,其实在很大程度上取决于一个人的学习态度和学习精神。只要一个人好学肯学,永远不会太晚,终会有所得。

◆学习、总结,再学习、再总结◆

李嘉诚曾这样说明知识与资金的关系:"在知识经济的时代里,如果你有资金,但是缺乏知识,没有最新的讯息,无论何种行业,你越拼搏,失败的可能性越大,但是你有知识,没有资金的话,小小的付出就能够有回报,并且很可能达到成功。"作为一个商人,如果不去学习,墨守成规,那成功将会距离你越来越远。一个企业做大做强的过程就是不断学习和总结的过程。人们都说,命运只会把机会送给有所准备的人,而学习恰恰是其中一个非常重要的前提。不断地学习和总结能够改变和完善企业,最终获取更大的成功。

科宝现在在国内非常出名,但在科宝刚起步的时候,涉及的领域却非常单一,只涉及抽油烟机领域。单一的发展,只会自己把前进的道路堵死。通过一段时间的观察，科宝的老总蔡明发现很多顾客在买完抽烟机后，还会向他们定做几件厨房用具，比如橱柜、吊柜，等等，用来放置一些厨房用品。在这个时候，蔡明才意识到可以有新的商机。

对于整体厨房，这是一个完全陌生的行业，没有任何国内经验可以学习，也没有多少企业尝试着去做这项业务。

一个整体的橱柜不只是几个柜子，然后把抽油烟机和燃气灶之类的东西放进去即可。不懂就要学习，这是温州商人的特性。于是，蔡明十分努力地去学习，他到全国各地制作整体厨房的地方去考察，可收获甚微。

直到有一次，蔡明赶上了去德国科隆的末班车，这次德国科隆的配件展完完全全改变了蔡明的思想。蔡明从那里彻底地开阔了视野，他开始想到自己做的整体厨房，和这里相比，简直就是天壤之别。

参加完展会之后，蔡明并没有回国，而是选择了去意大利，他花钱雇了一个意大利司机，并按照司机安排的路线，去参观了十几家生产橱柜的企业，而且每个厂家生产的橱柜也是各有不同，古典的、现代的、大众的、前卫的，蔡明把所有流派都看了一遍。

这一看，蔡明就看了20多天。他回到国内后，开始重新整理自己的思路，并且把这些天的见闻汇总融入自己的理念之中，终于创造出了全新的整体厨房。

通过学习，蔡明把一个只做抽油烟机的小公司做成了做整体厨房的大型公司。通过不断地总结，他把学来的知识全部为自己所用，逐步完善，最终不仅实现了突破，更创下了"科宝厨具"这一知名品牌。

在社会中，我们经常可以看到专为企业家开办的各种培训班。一些人很不解，他们不都已经是成功的企业家了吗？怎么还在学习呢？

其实，越是优秀的企业家，他对知识的渴望就越强烈。只有那些不思进取的小商人才会沉迷于个人享受和娱乐。

三一集团的创始人梁稳根在创业之初从贩羊开始，但是失败了。随后，梁稳根开始做酒，结果也失败了。接着，梁稳根做玻璃纤维，结果依然是失败。几次的创业失败并没有改变他的创业梦想，不断的失败也让一个懵懂的毛头小伙子变得更加成熟，更加理智。在几经失败后，梁稳根通过分析，决定开发当时市场上一种很缺乏的有色金属焊料。梁稳根和自己的伙伴4人中有3人是学材料专业的，再加上在中南大学材料专业方面颇有建树的恩师，梁稳根的底气从来没有这么足过。

1986年，梁稳根和自己的创业伙伴拿着东拼西凑的6万元，成立了涟源茅塘焊接材料厂。在一个地下室里，梁稳根开始了自己金属焊料的配方研制。在这期间，他们通过了数百次的调整，几十次的工艺改进。梁稳根终于开发出了自己的第一个产品——105铜基焊料。为了验证成果，梁稳根把这种焊料寄给了辽宁的一个工厂。可令梁稳根没有想到的是，没有过多久，梁稳根便收到了工厂退货，原因是焊料的质量不过关。

按照以往的判断，这次创业又面临着夭折的危险。但此时的梁稳根已经不那么早下结论了，为了确保来之不易的创业项目，梁稳根回到了自己上大学的母校，请到了恩师来现场指导工作。经过不懈的努力，梁稳根生产的焊料终于获得了厂家的认可。到了1986年9月，梁稳根和他的创业伙伴收到了第一笔货款——8000元。到了1989年，梁稳根创立的小厂收入已经突破1000万元。为他今后的创业攒下了第一桶金。

一个人不学习就不会懂得自己的空白有多大，不知道需要付出多大的努力才会成功。不学习就不会了解最新的技术，不总结就会一直在失败的阴影里徘徊。要想从众多的商人之中脱颖而出，唯一能够依赖的就是不断地学习，不断地总结。

社会进步需要依赖知识的力量，而企业的成长同样需要知识的滋养。一个不断进取的企业家才能带领出一批不断进取的队伍，才能培养一个不断进取的优秀企业。要想把自己的人生提拔到新的高度，唯一的办法就是学习，总结；再学习、再总结……

知为上，识为先

知识就是力量，这是人们所熟知的一句话。其实，知识的力量是很多人无法想象的，知识能够产生智慧，知识可以让人梦想成真。

李嘉诚出生在一个书香世家，受家学的影响是很深厚的，他的很多优秀品德都是得益于此。李嘉诚在求知的氛围中读完了小学，完成了对他一生都有深刻影响的国学知识的汲取，同时也坚定了他的爱国情操，这为他以后的成功奠定了坚实的基础。

由此可见，知识不仅能转化成财富，而且知识本身就是一种财富。一个成功的企业家，只有善于学习，才能不断增强自己的竞争能力。

熟悉互联网的人都知道李彦宏这个名字。这个白手起家的IT界富豪所倚仗的就是知识。李彦宏出生在山西阳泉的普通人家，19岁的他就离开了家乡，到了北京大学主修信息管理专业。在毕业之后，他又远渡重洋到了美国主修计算机，并且取得一定的研究成果。在美国的8年时间里，他做了很多事，也学习了很多以前没有学到的知识。

在搜索引擎发展的初期，他作为最早的研究者之一，最先创建了ESP技术，并将它成功地应用于INFOSEEK/GO.COM的搜索引擎中，GO.COM的图像搜索引擎是他的另一项极具应用价值的技术创新。

在后来的创业过程中，知识就是他最大的资本。现在，他所创立的百度已经是全球最大的中文搜索引擎。

对于学习的重要性，管理大师彼得·德鲁克说："知识生产力已经成为企业生产力、竞争力和经济成就的关键。知识已经成为首要产业，这种产业为经济提供必要的和重要的生产资源。"因此，学习、学习、再学习，成为企业家的日常功课，任何忽略学习的经营者都将丧失探索商业和技术新前沿的良机。

一项调查表明，1970年名列"500家大企业"排行榜的公司，到现在已经有1/3销声匿迹了；在我国，每一秒就有10家公司破产。对于这种现象，人们或许可以用"优胜劣汰、适者生存"来解释。但其中更为深层次的原因就是不重视知识的学习。

华为集团已经发展成为一个在世界范围内都有着广泛影响力的集团。而这种成就的取得，和他的创办者任正非以科技和知识为主导思想是密切相关的。

从部队转业后，任正非选择了一家电子公司。在这种选择的背后，可以看到的是对技术本身的重视。在创立初期，华为靠代理香港地区某公司的程控交换机获得了第一桶金。

国内在程控交换机技术上当时还是处于空白的状态。技术出身的任正非敏锐地感觉到这项技术的重要性。他将华为所有的资金都投入到研制这一自主技术上来了。在研制 C&C08 机的动员大会上，任正非对全体干部说："这次研发如果失败了，我只能从楼上跳下去，你们可以另谋出路。"这段话表明了任正非的态度。

凭着这种孤注一掷，破釜沉舟的勇气，华为研制出了 C&C08 交换机。这种产品与国外的同类产品相比，华为的价格比国外低了 2/3，但功能与国外产品类似。这样巨大的价格优势为华为 C&C08 交换机赢得了广阔的市场。在华为成立之初，这个策略让华为承担了极大的风险，一旦不成功，华为公司的命运只能是死亡。这种以技术为导向的做事风格也奠定了华为在同行之内的领先地位。

在刚刚开始研制的 1991 年，华为现金流是非常紧张的，任正非把到账的所有合同预付款投入到了生产和研发工作。在华为最困难的时候，曾经有半年的时间发不出工资。

到了 1991 年 12 月，华为开发的 BH-03 交换机通过了全部的基本功能测试，首批交换机终于发货出厂了。此时的华为，公司收到的预付款基本上已经全部用完，账面上的资金接近为零。如果研发还不成功，华为只能破产了。

1992 年，华为的产品开始大量进入市场，产值很快突破了亿元，利润超过了千万。

直到现在，华为依旧是把利润投入到研发比例最高的科技型公司之一。没有知识，就没有创新，没用创新，就没有市场，没有了市场，企业面临的境地只能是倒闭。

这是一个知识至上的社会，成功的企业家最大的资本不是拥有多少资产，而是你手里有多少核心的技术。资金没有了可以挣，可以借贷，但缺乏核心竞争力，缺乏足够的知识储备，那么这样的企业也基本上没有太大的发展空间了。

奔跑在科技浪潮的前端

进入 21 世纪，随着网络热潮的兴起，一个全新的经济时代即将到来。当盖茨以数百亿美元的身价成为全球首富，亚洲的经济评论家们一致认为，在知识经济来临的时代，香港地区以李嘉诚为代表的那些靠地产、航运、港口致富的传统型富豪，将很快被时代所淘汰。

事实上，李嘉诚能白手起家发展成巨富，是有着极强的学习能力的。李嘉诚时刻关注着科技发展的最前沿，把握着科技进步对现代商业的影响。

自 2000 年开始，被奉为华人首富的李嘉诚不再以地产商或其他类似的面目出现，而是开始了其商旅生涯中的又一次转折：这一次，他摇身一变成为 IT 时代的新资本家。

李嘉诚说："我从不间断地读新科技、新知识的书籍，不至于因为不了解新讯息而和时代潮流脱节。"可见，李嘉诚的成功还来源于对知识的追求与运用。

李嘉诚从传统产业突围，追赶时代脚步的一大明显例证是：1999 年，李嘉诚在世人一片惊叹声中，抛售英国电讯第二代移动电话业务 Orange（橙）49%的股权，一进一出之间，轻松获利 200 多亿美元。"低买高卖"便是李嘉诚经营之道中最主要的一招。

这是一个信息的时代，只有跟随着时代的步伐才能创造出惊人的财富。而那些时刻注视着科技发展前沿的人才能真正把握住最新的财富信息。

一个偶然的机会，马化腾在互联网上看到了一位以色列人发明的一种集寻呼、聊天、电子邮件于一身的软件 ICQ 基于 Windows 系统的演示。这令马化腾为之着迷。马化腾开始思考，自己是不是能够写出一种能够在中国推广的类似于 ICQ 的集寻呼、聊天、电子邮件于一身的软件。

为了实现这个想法，马化腾和大学同学张志东注册了一家公司——也就是现在大名鼎鼎的腾讯公司。公司成立后，马化腾召集深圳在电信、网络界工作多年，有着丰富业内经验的工程人才携手创业。

如何将寻呼与网络联系起来，对此马化腾有自己的想法。但是，是否要立即投入研发 ICQ，这当时在腾讯的内部也引起过不小的争议。最终，用马化腾的话来讲："对网络技术发展方向的认同感使大家求同存异，我们开始对 ICQ 技术倾注偏爱。"

功夫不负有心人，马化腾和他的团队成功地研发出了基于互联网的网上中文 ICQ 服务——OICQ（后改名为 QQ）。腾讯开发出 QQ 之后，试着让用户免费使用，结果出人意料地火暴，10 个月用户上了 100 万，一年就上了 500 万户。在经历融资之后，马化腾开创了属于自己的互联网帝国，成为了利用科学技术创业的代表人物。

科技是不断进步的，机会是依然存在的。当第三次科技革命的浪潮席卷全球的时候，作为社会财富阶层的商人更要紧随时代的发展。适当调整自己的策略，在这个多变的时代中找到属于自己的发展空间。亚洲风暴过后，李嘉诚对 2000 年的香港地区经济抱有乐观看法。李嘉诚说，香港人过去习惯了在泡沫经济中生活，1997 年以来的经济表现，应该是对年轻人敲了一个警钟：在这个年代绝对不能退步，转速不够快就可能被抛离，他劝告大学生要不停地跟着时代走。他同时指出，近年高科技旋风席卷全球，不少香港上市公司都赶搭科技列车。

科技发展的步伐是不可逆转的，作为一个商人，可以不去引领潮流，但至少要紧随着潮流。一个眼光敏锐的商人，永远要站在时代的前沿。科技已经成为这个时代最重要的生产力。重视科技的实际运用，以技术和研发为核心，才能使产品更加贴近顾客，才不会被激烈的竞争所淘汰，微软、英特尔都是杰出的代表。

商人是科技进步的重要助推器，科技进步也是商人赚取利润的重要屏障。只有那些时刻将自己的个人命运与时代命运绑在一起的人才是真正有眼界的商人。

"抢学问"就是"抢未来"

从清苦贫困的学徒到"塑胶花大王",从地产大亨到股市的大腕,从传统行业到高科技投资……李嘉诚一路走来,几乎在所有的领域都能够占到先机,取得巨大的财富。这一切的取得,是和他勤奋好学,时刻保持对知识的巨大渴望密切相关的。他的每一次战略抉择,既能够适应产业的不断变迁,又能够实时推动社会的进步和发展。有学者这样评价李嘉诚:"他是跃进到现代化的永无止境的变动之中的人。"而这些成就的取得主要的原因就是李嘉诚一直保持着对新知识的极度渴求。

新知识是改变命运的利器,而一个敏锐的商人应该如同干燥的海绵,学习一切可以学到的知识,李嘉诚曾经这样形容自己"人家求学,我是在抢学问"。他认为,善于"抢学问",就是在"抢财富,抢未来。"

在从商的半个多世纪以来,李嘉诚一如既往地保持着对知识的疯狂渴望。他每天睡前固定的半小时是用来看书学习的时间。即使事业有成了,他还保持着学习知识,了解行情的习惯。在创立"长江塑胶厂"的头几年,他没有满足做老板的梦想,在有空余的时间里,他敏锐地注视着塑胶行业的最新发展。终于在一天,李嘉诚看到了欧洲塑胶花即将面世的消息,他当即做出了自己判断:塑胶花即将引发一场塑胶市场的革命。于是,在一无资金二无技术三无人才的窘境下，只身一人飞赴意大利拜师学艺。在意大利的这段日子，李嘉诚靠着坚韧不拔的毅力、吃苦耐劳的精神、好学求索的智慧和精明能干的胆识，非同寻常地学到了塑胶花生产技艺，不久便满载而归。

正是凭借着这种精神，李嘉诚才敢说出这样的话："年轻时的我表面谦虚，其实内心很'骄傲'。为什么骄傲？因为我在孜孜不倦地追求着新的东西，每天都在进步，这样离我的目标就不远了，现在仅有一点学问是不行的，要多学知识，多学新的知识。"

也许很多人并没有意识到李嘉诚在成为世界华人的首富之后，依然没有退休养老的打算。他仍然在不断地学习，每天继续在他的办公室里工作。他是一位真正身体力行"活到老，学到老"的企业家。

平心而论，李嘉诚没有很高的学历，更没有过人的家世。他现在所取得的成就，完全都是依靠自己对知识的渴望，凭借着知识的力量获得了别人无法获得的成功。

一个成功的商人，一定是一个学习能力极强的人。商场是变幻莫测的，而学习正是适应这种变化，提高自身素质的绝佳机会。学习，学习，再学习，将是未来商人最重要的事情，一个懒惰的人是没有办法跟上时代的大潮，一个对知识毫不关心的人注定会被知识的时代所抛弃。

时代在不断的变迁，知识更新的速度也在不断加快。今天醒来的时候，或许昨天的知识已经过期了，所以你对知识的渴望要像沙漠渴望清泉一样，努力将学习看作像吃饭和呼吸一样重要，如果你能够做到这一点，那么成功距离你也就不远了。

不是空想家，而是实干家

经商是一项实践性很强的活动，古人战场有纸上谈兵的悲剧，如今商场也有着夸夸其谈的空想家。对于经商的人来讲，学习主要来自于两个方面，一个是书本知识，一个就是实践经验。有人看不起书本知识，觉得比较迂腐，不适应时代的发展。有人看不起实践经验，觉得没有所谓的科学依据。其实，这两种看法都是一种极端的想法。书本和实践相结合才是最理想的方式。

在中国明代，有一位著名的哲学家，名叫王阳明。他提出了一个著名的观点：知行合一。在中国的哲学史上，往往存在着两种不同的观点，有人认为理论很难，实践很容易，有人认为实践很难，要想悟出理论很容易。但王阳明在贵州一个偏僻的小县城里悟出了一个看似很简单，实际上却充满智慧的道理：理论很重要，实践也很重要，只有把二者结合起来才能发挥出知识的实际效果。在400年后，我国的一个年轻的教师看到这位哲学家的话，佩服得五体投地，把自己的名字改为陶行知。

在经商的过程中，书本是航向，实践是风帆，只有把二者结合起来才能做出真正的成绩。李嘉诚是善于从书本中学习的，但他更善于把书本和实践相结合。而这一品格，是所有成功商人必备的。

东方希望集团的董事长刘永行最开始是依靠卖鹌鹑和鹌鹑饲料起家的。

但他看好了猪饲料的发展前景，但他以前从未接触过猪饲料。为此，1987年春天，刘永行投资了200万元，创办了希望科学技术研究所，又拿出了400万元搞技术研发，用300万元建饲料厂。

猪饲料对于当时的中国企业来说是一项极有科研价值的产品。刘永行决定自己开发属于自己的饲料配方。经过了艰难的研发，刘永行最终成功研制出了猪饲料的配方。这对于以后刘永行的发展是极其重要的。

在实验饲料的过程中，刘永行发现，新型饲料最离不开两样东西：一是氨基酸，二是鱼粉。其中氨基酸因为拥有非常高的技术含量，国内一直以来依赖进口；鱼粉虽然不是高科技产品，但由于国内鱼粉生产厂家生产的质量不合格，所以也一直依赖进口。在刘永行面前，核心技术都掌握在别人手里，自己严重缺乏竞争力。现实是残酷的，但人的智慧也是无穷的。刘永行大胆尝试用蚕蛹代替鱼粉。因为蚕蛹与鱼粉是有着一样的功能——都含有丰富的蛋白质。经过反复的实验，刘永行终于实现了用蚕蛹替代鱼粉的完美配方。

到了1987年，刘永行推出了自己新型国产饲料，这种饲料不仅拥有营养价值高、操作方便的特点，同时具有价格低的特点，真正实现了价廉物美的目标，成为大多饲养者都使用的新饲料。

刘永行超强的学习和实践能力让他的事业有了重大的转折，也开创了希望集团的新面貌。而这些成就的取得，完全是这种书本与实践完美结合的产物。

在我们的周围，总会有人每天研究股票、期货的相关知识，但从不见他们去证券交易所去开个户，投资一点钱进去，也有人从书本上摘抄一些所谓成功学的事例，背诵推销员所必备的言语，但从不见他认真去实践过一次。

知行合一是中国哲学的最高境界，只有那些把书本与实践互相结合的人，才能真正体会到知识的力量。每个成功商人的背后,都是大量书本和实践的完美结合。不看书,就无法了解前人的成果和经验;不实践,就无法适应现代市场的发展需要。所以说,唯有把书本和实践相结合,才能稳扎稳打,一步一个脚印地向前迈进。

第 4 堂课

苦难理念：
每段苦都是在铺垫足下的路

每个人都希望自己的前途途能一帆风顺，
但是，这也许只是每个人心中一个美好的祝愿。
一帆风顺固然好，
但坎坷的经历更适于成功者。
苦难固然让人觉得痛苦，
但它更能丰富一个人的阅历与心志，
这才是大多成功者需要走过的路。

苦难来了，成功近了

宝剑锋从磨砺出，梅花香自苦寒来。一个成功的商人，不经历挫折和痛苦是做不成大事情的。李嘉诚也是这样认为的："人们赞誉我是超人，其实我并非天生就是优秀的经营者。到现在我只敢说经营得还可以，我是经历了很多挫折和磨难之后，才领会一些经营的要诀的。"吃一堑长一智是亘古不变的真理。一个从挫折和痛苦中重生的商人会真正领悟到什么是商道，一个历经艰难和生活磨炼的商人才会懂得如何去实现自己的理想和抱负。

美国哈佛大学的人生哲学告诉我们："把挫折看作一次经验的积累。让我们把挫折写在日记上吧，这是我们人生不可多得的财富。"

人的一生，原本就是荆棘密布，坎坷和挫折丛生的。每当我们行走一步，都可能会经历我们意想不到的灾难。这不是夸大人生的苦难，而是一个不争的事实，在挫折中，人生才能够丰满。对于经商而言，任何一个失败或者不顺都是值得纪念和学习的。因为你会在其中学到很多顺境之中学不到东西。

在电灯泡发明之前，有人问爱迪生，你失败了那么多次，你还不准备放弃吗？爱迪生微笑着说，1000次的失败，证明了这1000种材料不适合做灯丝。这个回答是非常经典和令人振奋的。成功的炼成，必须要经过挫折的磨炼。

没有人天生就是做生意的材料。一个优秀商人需要良好的市场嗅觉，敏锐的判断力，果断的行动力。而这些素质的培养，无一不是从挫折和失败中得到的。一个有魄力的商人，往往敢于尝试，因为他们有一种品质，那就是善于学习。在商界，经常可以看到这类人，前一阶段他在投资某个项目时深陷其中，但没过多久，他又很快地东山再起，并且规模更大。这其实就是挫折和苦难所催生出来的力量。

  商人只有经历了无数次的挫折之后才能取得成功，所谓商道其实就是不断失败和总结的一个过程。任何一项大小事业要取得相当的成就，都会遇到困难，难免要犯错误，遭受挫折和失败。在这种情况下，成功的商人往往都是在寻求改变，使自己逐步强大起来，不被困难吓倒。他们总是以积极向上的态度面对一切，绝对不会随大流。成功者从来都是自己给自己力量，并且还要给别人力量！

  说到波司登，没有人会对这个羽绒服品牌感到陌生。但又有谁知道，波司登品牌的前身只是一个裁缝铺，创始人高德康更是在这个过程中，深切体会到了什么叫作身陷逆境、进退两难。但是，正是因为永远揣着财富梦想，高德康终于走出困境，让波司登品牌名扬海内外。

  在创建波司登品牌之前，高德康经营着一家小裁缝铺，他凭借手头有限的资本组织了一个缝纫组，靠给上海一家服装厂加工服装赚钱，每天要从村里往返上海购买原料、递送成品。从村里到上海南市区的蓬莱公园有100公里的路程，高德康每天都要骑自行车去送货，没骑几次自行车就不行了。

  没了自行车，高德康只能挤公共汽车，由于是在上班时间，车挤得不得了。高德康背着沉重的货包挤上挤下，累得满头大汗，很多时候车上的人闻到高德康的一身臭汗，就把他推下来……

  别人的歧视，让高德康难过得想哭。可是哭过之后，他也没有后退的余地。他知道，自己需要和上海人做生意，否则缝纫组就没有活儿干，所以只能硬着头皮挺下来。就是这样，高德康以极强的韧性坚持了下来。

就这样，高德康的事业一点点发展壮大起来。现如今，波司登已经成为中国羽绒服第一品牌，高德康自己也变成了亿万富翁。

经历挫折和失败，是对商人意志、勇气和决心的锻炼，是对商人综合实力的一次检验。一个人要想领悟真正的经营要诀，唯一可行的办法就是勇于面对失败，汲取教训，不犯或者少犯错误。

大丈夫能屈能伸，尤其是在商场之上。能屈，在于能在逆境的时候采取迂回战术，积蓄力量，最后完成致命一击；能伸，在于在成功的时候不能沾沾自喜，要居安思危，时时保持清醒的头脑。

那些用时间和金钱换来的宝贵经验是成就大商人气度的必备品质。一个成功的商人，他的履历中必定有失败，以及失败后的反击。苦其心志，劳其筋骨，方能成就一番大业。要想成就大事业，苦难和挫折就是最好的试金石。

一个成功的商人想到的事情就是不断地磨砺自己，时时刻刻，分分秒秒。商道是一门大学问，是需要商人穷极一生去发现和发展的。在任何成功商人的背后，你都能够发现挫折和痛苦的痕迹。

走过才知道低谷里有什么

在祝福的话语中，一帆风顺是最为常用的一个词语。但很多人也清楚地知道，这只是一个美好的愿望而已。如果非要把人生比作海上的波浪，那起起伏伏是再正常不过的事情。在一个成功者的眼中，不经历低谷和挫折的人生是不完美的。

没有人喜欢在低谷中生活，尤其是从高处跌落到低处的时候，一个人的心理反差是很大的。有的人觉得进入了低谷就到了万劫不复的境地了，有人却在低谷中咬紧牙关，挺过了那段最艰难的时光。李嘉诚是公认的成功人士，但在他的心中，永远有一个信念，那就是把自己的命运掌握在自己手里。

面对别人对自己成功的赞誉，李嘉诚感慨地说："我从小就不相信命运，命运是掌握在自己手上的，在我小时候，我们全家人都跑到香港避难，不久父亲病故，我在14岁时就不得不挑起家庭重担。我自己有肺病，但是那时候家里穷，为了省钱我一次医生都没有看过，那时的我每天都忍受着疾病带来的痛苦，我早上痰中有血，下午发热，所有症状我从没有对别人提起过，更不知道跟谁说，总之那时候的日子实在是太艰难了。"

那个时候肺病还是非常难以治愈的疾病，甚至可以说是绝症。李嘉诚有一次去照了 X 光片，竟然发现肺里面有好多的洞，都已经钙化了。李嘉诚吐血吐了很多，但是他依旧很乐观，每天都积极地奋斗着、努力着。21 岁的时候，李嘉诚的肺病居然治好了。

那段往事在李嘉诚心里烙下了深深的烙印，是他永远也不能忘却的经历。面对人生的低谷期，他没有选择低头，没有轻言放弃，而是毅然决然地坚持了下去，咬紧自己的牙关，渡过了难关。从而让自己奔向了成功。

人的一生充满了起起落落，如果说人的一生是在大海中航行，我们无法选择海上是风平浪静还是狂风骤雨。但我们必须明了，在风平浪静的时候，我们可以快速前进，在暴风雨中，我们则必须要咬紧牙关，驾着船只挺过危机。因为暴风雨之后，大海将一片宁静。

在一个人的奋斗之中，失败和低潮是不可避免的，伟大人物如林肯，人们也只是看到他光鲜的一面，却没有看到他是如何度过了人生的低潮。

1809 年，出生在寂静的荒野上的一座孤独的小木屋里。

1818 年，9 岁，年仅 34 岁的母亲不幸去世。

1831 年，22 岁，经商失败。

1832 年，23 岁，竞选州议员，但落选了。想进法学院学法律，但进不去。

1833 年，24 岁，向朋友借钱经商，年底破产。接下来花了 16 年，才把这笔债还清。

1835 年，26 岁，订婚后即将结婚时，未婚妻死了，因此心也碎了。

1836 年，27 岁，精神完全崩溃，卧病在床 6 个月。

1838 年，29 岁，努力争取成为州议员的发言人，没有成功。

1840 年，31 岁，争取成为被选举人，落选了。

1843 年，34 岁，参加国会大选，又落选了。

1848 年，39 岁，寻求国会议员连任，失败了。

1849 年，40 岁，想在自己的州内担任土地局长，被拒绝了。

1854 年，45 岁，竞选参议员，落选了。

1856 年，47 岁，在共和党的全国代表大会上争取副总统的提名，得票不到 100 张。

1858 年，49 岁，再度参选参议员，再度落选。

1860 年，51 岁，当选美国总统。

这份简单明了的简历具有一种震撼人心的力量。如果说一个人的低谷是暂时的，那么林肯的低谷是接近大半生。如果不看到他 51 岁当选美国总统，很多人都会觉得这是一个天生的倒霉鬼。但总是有一种力量在支撑着林肯度过最艰难的时光。

榜样的力量是无穷的，人生的低谷需要勇敢的人去越过。人生的苦难需要坚强的人去坚持。一个内心强大的人不会在乎低谷，因为他们坚信自己一定能够克服，一个充满斗志的人喜欢低谷，因为从低谷中走出后才能看得更高。

能吃苦，更要会吃苦

在任何一个成功者眼中，苦难的经历都是一笔宝贵的财富。很多人都希望自己能够尽可能一帆风顺，尽可能少去经历一些苦难。殊不知，逆境和失败是伟大成功者的必修课。有这样一句话：逆境是锻造天才最好的熔炉，而李嘉诚正是这个熔炉所锻造出的真金。

很多人都会对自己的工作产生抱怨之感，总觉得它与自己的身份不相符，或者与自己的人生追求相距甚远，如果一直抱有这个心态的人，是做不成大事的，最终的结果是什么也得不到。如果在面对不如意甚至是失败的时候，能够将这份经历当作训练自己毅力，培养自己能力的手段，那将来的收获是不可计量的。

14岁的李嘉诚在父亲去世后不得不挑起养家的担子。在时局动荡的时节，想找到一份工作并不容易，在经历了几次的碰壁之后，李嘉诚终于在一个茶楼找到了一份堂倌的活。茶楼的工作时间是很长的，每天的凌晨五点左右就要赶到茶楼准备一天的工作。李嘉诚是茶楼里地位最低的堂仔，在其他伙计休息的时候，他还要随时待在茶楼伺候。晚上是茶楼生意最忙的时候，等到打烊的时候，往往已经半夜了。

或许是因为找工作的艰辛，李嘉诚分外珍惜这份工作。他真诚敬业，勤快机敏，很快就得到了老板的赏识，成为了加薪最快的堂倌。

在茶楼工作的李嘉诚并不满足于现在的处境，他深知自己不可以长期只做一个小小的堂倌，他把茶楼当作一个小型的社会，当作自己学习的重要场所。

在工作中，除了勤于动手之外，他也开始勤于动脑。在服务客人的同时，他会根据茶客的特征，揣摩他们的年龄、籍贯、职业、财富、性格，然后找机会进行验证，接着又开始揣摩顾客的消费心理。在赢得顾客的同时，李嘉诚也训练出了自己察言观色、见机行事的本事。

后来，李嘉诚在茶楼学的这种本领在他以后的生意场上派上了大用场，成为了他了解客户的真实需要，驾驭客户心理的绝招。甚至可以这样说，如果不是这种在茶楼学来的本领，很难有李嘉诚现在的辉煌。

由此可见，对于聪明的人来说，苦难往往是一笔常人无法得到的财富。俗话说"吃得苦中苦，方为人上人"，对于任何一个想成就大事的人来说，抱怨命运的不公正是懦夫的行为，真正的命运是靠自己去奋斗的。

有这样一种比喻，从石头缝里长出的小树是最富有生命力的，同样的道理，从苦难环境中成长起来的人是最坚韧的。逆境，对商人而言，意味着困难、不顺利和障碍。其实逆境是强者的进身之阶，能人的无价之宝，弱者的无底深渊。在逆境之中可以清楚地发现自己的不足之处，也会发现自己的可造之处及拥有什么，让自己有一个清醒的头脑、清晰的思路，能正确地把握自己。

自古英雄多磨难，在苦难中体验人生、积累经验才是英雄成长的必经之路。对于李嘉诚来说，他在艰苦环境中磨炼了心智和眼光。

少年的李嘉诚在茶楼里熬过了最艰辛的一年，茶楼的老板给他加了工钱，他能够像其他堂倌一样，有了轮休或早归。茶楼老板成全了李嘉诚养家的基本愿望，后来李嘉诚进了舅舅的公司。

在进入舅舅的公司之后，舅舅不因为李嘉诚是他的外甥而予以特别照顾。李嘉诚从小学徒干起，最初还不能接触钟表活儿，只是做扫地、煲茶、倒水、跑腿儿的杂事。李嘉诚在茶楼受过极严格的训练，轻车熟路，做得又快又好。开始，许多职员不知李嘉诚是老板的外甥，他们在舅舅的面前夸李嘉诚，说他伶俐勤快，甚至看别人的脸色，就知道别人想做什么，他就会主动帮忙。

在舅舅钟表公司的日子里，李嘉诚学会观察和分析，培养出了李嘉诚独特的眼光。儿时的苦难生活并没有让李嘉诚消沉下去，反而给了他绝好的学习机会。也正是那些苦难的生活成就了李嘉诚一生的事业。

不经历风雨，哪里看得到彩虹，不经历苦难，哪里能磨炼一个人的心智。对于失败者来讲，苦难是他们成功的绊脚石，但对于成功者来说，苦难是他们成功的助推器。由此可见，苦难本身并无好坏之分，唯一不同的是不同人对待苦难的态度。

所以，我们经常可以看到，失败者往往都是那些经常抱怨的人，他们总是将不好的因素归结于外界，而很少去反思自己有什么过错。生于忧患，死于安乐，这个道理在几千年前就被提出来了。但真正领悟的人又有多少呢？如果把创造财富比作一场冒险的话，那么苦难将是不断打开财富之门的钥匙，而这把钥匙需要用苦难去打磨。

逆袭也是一种人生

有首歌唱得好，"麻烦和苦难是我们的朋友"。这句话不假，都说失败是成功之母，想要获得成功就一定要经历无数的失败。那些成功的商人之所以具有坚毅的品质，全都是苦难的经历造就的。

我们都知道李嘉诚是大企业家，是一个成功者。他的成功都是他一步步地打拼过来的，无数的磨难让李嘉诚拥有了坚毅的品质，这让他在面对困难时总是勇往直前，毫不退缩。

1940年冬天，李嘉诚的父亲李云经带着一家人经历了重重磨难，最后步行到了香港地区。一家人寄居在舅舅庄静庵的家里。

李嘉诚的父亲为了养活一家人，每天早出晚归的出门谋生，过度的疲劳让李云经身体一天一天地垮了下去，不久就卧病在床，危在旦夕。

李云经生命垂危之际，他把儿子叫到了床前，温柔地抚摸着儿子，他对李嘉诚说道："孩子，不管你遇到什么事情，面对多大的困难，永远不要忘了人一定要有骨气，只有有骨气的人才会有一番作为，才会是顶天立地的男子汉，当你失意的时候千万不能轻言放弃，当你辉煌的时候更不能得意忘形。"

父亲的话深深地打动了李嘉诚年幼的心灵，他的内心变得更加坚定，人也变得越来越坚强，因为他知道以后这个家就需要自己担负起来了。父亲去世后，李嘉诚不得不放弃了自己的学业，为了生计而四处求工，过早地担负起了家里的一切，李嘉诚没有任何抱怨，他的内心更加地坚毅。

面对人生的转折，面对恶劣的环境，面对生活上的种种不顺利，李嘉诚渐渐成熟了。他不想寻求他人的荫庇和恩惠，他只想依靠自己的双手去赢得未来，去自立自强。

他开始自己去找工作，由于没有学历也没有什么特长，几天来遭受的种种挫折，不是吃闭门羹就是遭到别人的讥笑。然而这些苦难并没有使他退缩，父亲的话铿锵有力地响荡在李嘉诚的耳边。于是李嘉诚产生了一个顽强的信念：我一定要找到工作！

机遇总是垂青于有准备的有心人，不久后，李嘉诚终于在西营盘的"春茗"茶楼找到一份工作，这个工作非常艰苦，十分考验人的毅力，但是李嘉诚从来都没有过一句抱怨，相反在工作中他不但善于观察，还锻炼了自己的意志力。后来他又在一家五金制造厂以及塑胶带制造公司当推销员，推销员同样也是一项艰苦的工作，需要每天在外不停奔波劳碌，年轻的李嘉诚时刻谨记着父亲的教诲，每天都在咬牙坚持着。他每天都精力充沛，不但不感到疲倦，反而在一次次的推销中刻苦钻研、思考，使得自己的业绩不断提高，而当时李嘉诚只有17岁。也正是从这样一个工作开始，李嘉诚自强自立，逐渐走上了成功的道路。

李嘉诚的童年是不幸的，是艰苦的，然而，生活的种种不顺利铸就了他坚强不屈的性格，正如李嘉诚所说的："从石缝里长出来的小树，则更富有生命力。"他把自己比喻成从石缝里出来的小树，充分表现出了李嘉诚面对逆境的乐观心态和坚毅的品质，而正是这坚毅的品质让其在日后的经商道路上越走越远。

一位著名哲学家曾经这样说过："逆境是锻造天才最好的熔炉。"这句话非常有道理，那些取得辉煌成就的人无不是经历了风风雨雨、坎坎坷坷才获得成功的，而他们坚毅的品质都是在逆境中磨炼出来的。

在每一个成功者的经历中，都会面临着艰难困苦和事业挫折，逆境和失败是必不可少的两门必修课。对于李嘉诚来说，艰难和困苦是他一生的财富，他正是从苦难中一步步走出来而逐渐走向成功的。

永远不要轻视自己手中的工作，更不要去抱怨生命的不公平。那些成功的人同样是从小人物做起的。困难并不是那么可怕的，可怕的是没有战胜困难的决心，没有坚强的毅力。那些白手起家、艰苦创业的人无一不是在逆境中自我磨砺，愈挫愈勇，直至战胜逆境。所以，我们应感谢生活对我们的磨炼，因为它会造就一个人坚毅的品质，这是一笔最丰厚的财富。

苦难的经历是一个成大事者必须经历的，不要总是感叹那些成功者的坚毅品质，抱怨自己的定力差，恒心不足。殊不知那些大人物的坚毅品质也是经过无数次的挫折后一点一点累积起来的。商场是残酷无情的，困难到处都会存在，想要战胜它还是躲避它就在你的一念之间，而成功与失败同样也在这一念之间。选择逃避，你就选择了放弃。而如果你可以勇敢面对困难和挫折，并决心战胜它们，你就会通向成功，你也就拥有了坚毅的品质。

因此，想要拥有一颗坚毅的心，就要勇敢面对生命中的各种挫折，当你击败了各种困难后，你就会看到成功的彩虹了。

多数人都是从零开始

　　这是一个渴望英雄的时代，这也是一个英雄辈出的时代。在商人的眼中，最令人敬佩的永远是从一无所有、白手起家的商界英雄。我们的社会中白手起家而终成大业的人不计其数，其中的优秀企业家群体更是引人注目。他们通过自己的活动为社会作贡献，社会也回报他们以崇高荣誉和巨额财富。

　　白手起家，在很多人看来是一件很潇洒的事情。在一些人心中，白手意味着无所畏惧，其实，你一旦选择了创业，其实就是苦难的开始，就是经历苦难的一个考验。人们往往津津乐道的是李嘉诚白手起家的过程，赞扬他的魄力，羡慕他的运气，但又有多少人能真正了解这其中的艰辛呢？

　　李嘉诚从小就失去了父亲，家庭的重担早早地压在了他的身上。为了养家糊口，李嘉诚被迫停学，为了担起照顾母亲、抚养弟妹的重担，他开始在茫茫的人海中挣扎奋斗。

　　起初李嘉诚在茶楼当伙计，后来又做起了推销员，在生活的磨砺下，李嘉诚的心灵逐渐地成熟起来。开始时，李嘉诚没有知识更没有钱，为了挣钱他只得从做工厂推销员开始，他是一个工作狂，每天都超时工作，为了学习文化知识，在忙碌了一天后，李嘉诚晚上还要到夜校进修英语，每天的时间都是满满的，没有一点富余。

功夫不负有心人，在李嘉诚20岁那年，他跃升为工厂业务经理。可是要强的李嘉诚并不满足于取得的成就。几年后，他积蓄了一笔钱，便时刻不忘有朝一日自己单独闯一闯天下的豪言壮语。

李嘉诚筹集了有限的资金创办了一家专门生产玩具以及家庭用品的小塑料厂。为了这个工厂，李嘉诚可谓是煞费苦心，他把自己拼命三郎的精神发挥得淋漓尽致。他每天孜孜不倦地奋斗着，凭借着他独到的判断力和敏锐的市场观察力，一步一步地发展自己的事业。

创业，意味着要担负起新的责任。创业，意味着你已经置身于更高的层次了。在这个过程中，困难，甚至是苦难会一直伴随着你。这时候，勇气和坚持永远是最有效的手段。

对于白手起家的人来说，一无所有是最大的优势也是最大的劣势。没有足够的资金，甚至产品都不会被人们认可，但只有坚持下来，在苦难中坚挺下来的人才是真正的成功者。

对于创业者而言，苦难是必须要经历的一个过程，也是一个极好的锻炼机会。很多心高气傲的创业者就是经历不住苦难的考验而败下阵来，成为成功者的背影。

如果说苦难是一个白手起家创业者的必修功课，李嘉诚无疑是一个优等生。他用自己的实际行动向后来人证明着白手起家成为顶级富豪不是一个梦。

生活不会特别眷顾一些人，一些人含着金钥匙出生，但他依然打不开财富的大门，一些人一无所有，但在苦难中找寻到了成功的道路。只要一个人选择了创业，选择了这条充满荆棘的道路，他要做的便是忍受困难，超越苦难。

在商业社会中，涌现出一批令人瞩目的商业奇才。他们从无到有，一步一步发展起来，最终达到事业的顶峰。对于很多人来说，他们没有读过多少书，从小都有过打工的经历，他们忠于职守，过了几年就做上主管的位置。时机成熟后，自己创业做老板。其中的困难与艰辛只有身处其中的人才会懂得。

坚持，成功就在眼前

世上无难事，只怕有心人。每一个困难都是有解决办法的，就看你想不想打败它。一个人想要成功就需要击败每一个拦路虎。人的一生中困难会与我们如影随形，只有打败这些困难，我们才会打开成功的大门，我们才会不断成长、成熟。

畏惧错误就是毁灭进步，想要攀登高峰就要征服山峰的每一个险阻，如果你中途退却了，你就失败了。对于商人来说，在攀登商界的高峰时，会有无数的挫折和苦难等待着他。想要让世人瞩目、仰首，就要勇敢迈过一个又一个坎儿，能坚持到最后的人必是赢家。

李嘉诚的成功经历告诉我们世上无难事，只怕有心人的道理。一个人无论多么聪明、多么幸运，也要付出辛勤的努力。拥有一颗坚毅的心是李嘉诚一步步走到现在的强有力支撑。只有有恒心的人才是有大志向的人，而那些想要实现大志向的人则一定要有恒心。

李嘉诚的成功是他一路坚持才得来的，他在接受香港地区电视部采访时说道:"世界上任何一家大型公司,都是由小到大,从弱到强。赫赫有名的渣打爵士由英国初来香港,只是一个默默无闻的贫寒之士,他靠勤勉、精明和机遇,创九仓、建置地、办港灯。我们做任何事,都应有一番雄心大志,立下远大目标,才有毅力和动力。"一席话把李嘉诚的成功因素全都表达了出来。

李嘉诚在建造自己的商业帝国的道路上可谓历经磨难,他从来都没有想过退缩,他认为世界上没有难事,只有不肯面对困难的心。他从早期的跑堂伙计成长为总经理,又逐渐创建了属于自己的公司。李嘉诚一直坚持着自己的信念,从不退缩。他的长江公司从起初弱小的塑胶制造厂迅速成长为房地产业的巨头,这些都是他的信念激励着他前行的结果。

长江实业上市后,李嘉诚一心想要挑战置地有限公司的地位。很多人都不看好李嘉诚,毕竟香港置地有限公司是全球三大地产公司之一,在香港地区处于绝对的霸主地位。其业务范围非常广,除地产外,还兼营酒店餐饮、食品销售,其业务范围辐射亚太14个国家和地区,堪称商业帝国。而李嘉诚的资产相比起来就太过寒酸了,想要撼动置业的巨头地位,对李嘉诚来说几乎是不可能完成的任务。

然而,李嘉诚从来都不放弃每一个发展壮大的机会,他对员工们说:"如果我们要想做到与置地较量,就一定要有信心,绝对不能有丝毫犹豫,竞争既是搏命,更是斗智斗勇。倘若连这点勇气都没有,谈何在商场立足,超越置地?"

世上无难事,只怕有心人,李嘉诚从来都不会被困难吓退,为了完成这项不可能完成的事情,李嘉诚每天都努力工作,他从目前的时局出发,找到相应的对策。经研究李嘉诚发现置地的基地在中区,中区的物业已发展到极限。这里不适宜自己去发展,既然这样就去发展前景大、地价处于较低水平的市区边缘和新兴市镇。一来可以不断回笼资金，二来还可以发展壮大自己，以图与置地长期竞争。

就这样，李嘉诚确定了长期的发展战略，然后不断去发展壮大自己，进入20世纪80年代，长江实业公司先后完成或进行开发的大型屋村有：黄埔花园、海怡半岛、丽港城、嘉湖山庄，李嘉诚由此赢得"屋村大王"的称号。长江实业公司一跃成为了可以和置地平起平坐的巨头企业。

李嘉诚这种不怕困难，敢于挑战的精神，让他完成了不可能的任务，成为了商业巨头。这些充分说明了世上没有难事，只怕没有一颗战胜困难的信心。

成功总是发生在那些具有成功意识的人身上，同样地，失败也总是出现在那些不自觉地让自己产生失败意识的人身上。因此，想要成功就先要让自己自信起来，让自己拥有一颗强大的心。当你的心中充满了世上无难事只怕有心人的坚定信念，这样一来任何的困难都会解决的。

世界上没有什么困难是不能被战胜的，唯一不能战胜的是自己。打败不了自己，就别谈打败别人了。困难就像弹簧，你强了它就会弱，你弱了它自然就会变强。我们要做的，就是让自己变强，让自己变得更强大，这样困难就被无限缩小，信念才会更加坚定地为你保驾护航，一路披荆斩棘。

成功的人都需要一颗坚强的心，只有坚毅的性格支撑才会披荆斩棘，一路驰骋。一个企业无论大小，都是需要拥有克服困难的决心的。商人更是需要勇敢面对困难、克服困难，在确立了自己的发展方向和经营目标之后，一定要全力以赴，努力追求目标的实现。对于商人来说，想要成功绝对不能只靠运气，更需要有解决问题的恒心。只要始终追求，从不放弃，任何困难都无法阻挡成功的到来。

关心关心自己的"本钱"

只有会休息的人才会工作,身体是革命的本钱。没有好的身体,多好的抱负都无法施展,甚至留下壮志难酬的遗憾。一个人的健康就好像一个堤坝,在当初发现有渗漏现象时候,只需要用很小的力量就可以阻塞漏洞。但是如果不加理会的话,任其随意发展,到了崩溃的时候才想到补救,纵然花费更多的人力和物力,也未必能够挽回。身处竞争激烈的商海之中,每一位商人仿佛都是上紧发条的钟表。但要记住的是:弦绷得太紧,是会断的。注意工作中的调节与休息,不但对于自己健康有益,对事业也是大有好处的。

李嘉诚也很赞同这一点,他认为:一个人赚钱除了满足自己的成就感之外,就是为了让自己生活得更好一点,如果只顾赚钱,却赔上自己的健康,那是很不值得的。他曾向外界透漏出自己的健康心得:不吸烟不喝酒,每天早上六时起床,并保持一个半小时的运动,包括打高尔夫球、游泳及跑步,且从不间断。他表示要有恒心,就算家里很狭窄亦可以做运动,不运动只是懒惰的借口。至于饮食,他则表示一切以清淡为主,最喜欢青菜白饭而少吃肉。

事业对于一个人来说是非常重要的。但有些人为了追求事业的成功却忽视了自己的健康和家庭。他们中的很多人不但没有成功,相反还使自己处于身心俱疲的状态之中。而那些成功的商人往往能够合理安排自己的时间，注意身体的锻炼，既空出了时间享受了生活，又能够保持旺盛的精力去迎接新的挑战。如果只顾着赚钱，赔上了自己的健康，无疑是一种不理智的行为。

身体是生命的本钱，是财富的源泉。商人首要的目标是赚钱获利，可是另一方面商人要认识到：辛苦得到的钱无非是使自己的生活过得更好一些。而活得好，就要保证体质好，保持一个强健的体魄；同时要保持精神好，有旺盛的精力。

一个人的健康往往关系重大。责任是和能力成正比的，当肩负起一定责任的时候，你的健康就不单单是你一个人的了。健康的概念是很广泛的，具体来说可以分为身体的健康和心理的健康。

要过健康的生活，首先就要身体健康。商人要依靠良好的身体去赚钱，以赚来的钱养好一个健康的身体，再用一个好身体去赚更多的钱。形成这样的一个良性循环，才是正确的选择。

对于一个商人来讲，还要有健康的思想，要以乐观的态度去对待生活，以一颗进取心去对待失败，哪怕是深受打击也能坦然面对。这种健康向上的态度也能够感染周围的人，让自己生活得更加愉快。

只有在身体和精神两个方面都很健康的人，才能说是过着一种真正"健康"的生活。一个真正成功的老板应当过一种"健康"的生活。

第 5 堂课

得失理念：
世人皆醉的时候，你要醒着

当他人居于安乐中，
你要思考如果危机来了，该怎样应对；
当他人为了眼前的利益斤斤计较时，
你要认识到长久的利益才是自己的目标；
当他人还在满足于自己的成就，
故步自封的时候，你要发现外面世界的变化，
并随之改变自己……
一个优秀的商人总要保持冷静，
在他人毫无察觉的时候，做好应对的准备。

不计较蝇头小利

很多商人认为斤斤计较是商人的本性。为此，很多人还振振有词，蝇头微利也是利，一角半分也是钱。而对此李嘉诚则有自己的看法，在他看来，一些可要可不要的利润完全可以舍弃，做生意要不怕吃亏。

人们常说，一个人的胸襟决定了他的高度。在生意场上，宽广的胸襟不仅给人好感，更能为人带来意想不到的财富。这种气度，往往也是区别企业家和商人的一个重要标尺。

在李嘉诚 20 多岁自筹资金开始做生意的时候，有一家外贸公司向他订购了一批塑料玩具运往外国。当时货物已经卸船付运，可以向对方收取货款了。忽然，贸易公司的负责人来电话说外国买家因财政问题，无法按合同收货，但是贸易公司愿意赔偿损失。李嘉诚当时想，自己的货物还是很有市场的，不用太担心自己的销量问题，再说自己的损失还是很有限的。于是李嘉诚就没有要求贸易公司赔偿损失。

几年之后，李嘉诚开始转型经营塑料花。有一天，一位美国人突然找到李嘉诚，说是经过一家贸易公司的负责人推荐，说李嘉诚的塑料花厂是可以信赖的。后来李嘉诚才知道，推荐这个美国人的贸易公司负责人就是几年前与李嘉诚合作过的那家贸易公司。那位负责人为李嘉诚说尽了好话，一再表明李嘉诚是完全值得信赖的生意伙伴。最终，这位美国人给了李嘉诚 6 个月的订单，后来又发展成为了他的永久客户，成为李嘉诚开拓海外市场的重要合作伙伴。

豁达不是什么都不在乎，而是一种为人做事的心胸体现。一个大度的人，身上往往会散发出强大的人格气场，会让人不自觉地亲近。人们喜欢和豁达的人交往，不是因为他们不拘小利，而是与豁达的人合作往往会让人觉得愉快。真正做大生意的人，不会过多计较获得多少的利润，而是享受做生意的过程。

斤斤计较是小商贩的行为，豁达的胸襟才是成就大商人的必备品质。

小肥羊的创业者张钢在事业经历过迅速扩张之后，一些快速加盟店就出现了严重的质量问题，影响了小肥羊的声誉。但工人出身的张钢不懂得大企业的管理，为了能够真正发展小肥羊，张钢引进了一系列的管理人才。张钢将小肥羊5%股权给了孙先红，而孙先红拿出2%给了卢文兵，二人正式成为小肥羊的股东。随后，张占海也进入小肥羊，成为小肥羊副总裁。为此，张钢是这样解释的："我这人爱分享，有一家店，再大的股份也不多，有1000家店，再小的股份也不少。"到了2005年的时候，张钢和陈洪凯的股份从100%降到了40%，而小肥羊集团公司的股东已经达到了47人。

张钢之所以敢于舍弃自己的股份，甚至让出自己一手打造的小肥羊的管理权，张钢和最初小肥羊的股东也知道，小肥羊未来的发展，最终要依靠制度化管理而非人治。当年赤手打天下、浑身草莽色彩的创业者最好的选择，莫过于把管理权交给那些熟知现代企业制度的经理人。

这种豁达的做法让张钢的小肥羊迅速进入正规化的管理渠道，并且完成了上市，张钢赢得了合作伙伴的信任，更为自己赢得了大量的财富。

豁达是一种态度，更是一种智慧。信任别人，与人方便或许只是举手之劳，但对于有些人来讲却是沙漠甘泉。一个不喜欢计较的人，心中想到的往往是更大的事业。拘泥于蝇头微利的人注定成不了太大的气候。

人们都希望能够做成大生意，但如果没有做大生意的胸襟和气度，纵然把机会摆在你的面前，依然会有小气的商人眼睁睁看着机会从身边溜走。一个肯于包容别人，从不过分计较的人才是真正的大商人气度。

◆ 就是要：根本停不下来 ◆

人生最怕的就是满足，人一旦满足就会停止前进的脚步，停止更高的追求。人类发展到今天这种高度，是在人类永不满足的精神驱使下实现的，如果人们安于现状，不思进取的话，那么现代文明就会被推迟甚至不会出现。满足使人没有了更高的追求，没有追求就意味着不会进步。

不满足是任何商人都应该具有的品质。有些人容易自我满足，一旦做出了一点小成绩之后，就容易沾沾自喜，这种人不会有多大的成就，总是生活在自己狭小的世界之中。一个满足的商人就会停止继续前进的步伐，一个满足的企业不会不断革新，最终会被市场淘汰。相反地，一个永不满足的商人会时时激励自己不断前行，他们永远不会满足，总是会朝着更高的目标迈进。

李嘉诚在自己的创业道路上不停前进，永不满足的精神值得每一个商人学习。他认为，对于商人来说，最可怕的是自我满足，因为这种满足感等于失去前行的动力，要想成大事必须对自己已有的成就不满足。所以他始终保持自己的雄心，无论做什么都力争做到最好，这样才靠得住自己。

李嘉诚很早就立志要干一番大事业，为此他毅然辞去了总经理的职位，这在当时人们看来无疑是疯狂的举动，但是李嘉诚依然坚定信念，没有改变自己的决定。

辞去总经理职位后，李嘉诚去了一家塑胶制造公司。这是一间小小的式工厂，位于偏离闹市区的西环，临靠香港地区外港海域。在李嘉诚看来塑胶业会有非常大的发展前景，因此，李嘉诚毅然选择了这家塑胶生产工厂，以此积累自己的知识和经验。

在当时，塑胶工业在欧美发达国家兴起。香港作为世界自由贸易港，塑胶制品当然想在这里开辟市场，李嘉诚看准了这一潜力无穷的市场，决定要在这一领域干出一番成就。

经过学习取经，李嘉诚掌握了大量的关于塑胶产品的信息，他再一次辞职，拿着自己不多的钱建立了自己的工厂。开办了长江公司后，李嘉诚苦心经营，使得公司的业绩直线上升，成为了香港塑胶业的龙头企业。

但是李嘉诚并不满足，他还想要有更大的发展，这时他又瞅准了欧美市场，不甘心只在香港市场发展的他开始寻找商机，当他看到塑胶花有很大市场潜力的时候，李嘉诚立即投资进行生产，由于他出手比同行快，他再一次大获全胜，成为了名副其实的塑胶花大王。

李嘉诚的商业道路永远没有尽头，他预测塑胶业已经没有什么上升空间后，又把自己的眼光投向了房地产业，从初入地产业的小公司到与置地分庭抗礼的龙头企业，李嘉诚一次次地提高着自己的商业高度，发展至今，李嘉诚的企业已经涉及餐饮、娱乐、房地产等数个行业领域，他的商业帝国仍在壮大，仍在越来越强。

如果李嘉诚拥有一颗容易满足的心,就不会出现如今的商业帝国了,李嘉诚的大名也就不会名扬四海了。有些人非常容易自我满足,他们总是在做出一点小成绩后就沾沾自喜,这种人必然会没有多大的成就,一辈子都会生活在狭小的世界之中,相反,如果以不满足的心态去做事,就会把一个个目标连续贯彻下去,从而做大自己。李嘉诚就是后者,他的血液里融入了永不满足的精神。他天生就是一个追求者,他会一直前进下去,不会满足于自己现有的成就,因为他懂得没有最好,只有更好。

满足是进步的绊脚石,满足更是扼杀更高追求的刽子手。如果一个世界冠军满足于自己取得的成绩,那么他就不会有打破世界纪录的动力和决心了。满足的心不会滋生冲击更高目标的想法,也就阻碍了人们前行的脚步。

袁隆平院士是我国当代杰出的农业科学家,是享誉世界的"杂交水稻之父"。从业50多年来,他不停地追求着自己的理想,他所取得的科研成果使我国杂交水稻研究及应用领域领先世界水平,不仅解决了中国粮食自给难题,也为世界粮食安全做出了杰出贡献。

20世纪60年代初,袁隆平做出了一个大胆的推断,他不相信水稻是自花授粉作物,没有杂种优势这一世界经典著作中论述的结论。他提出了杂交水稻的理论,进而为了证明自己的结论,勇敢承担起杂交水稻研究的课题,不畏艰难,反复试验,终于研究成功三系杂交水稻。

但他不满足已取得的成就,继续带领我国杂交水稻科技工作者,又研究成功两系法杂交水稻,使我国的杂交水稻研究保持了世界领先水平。至此,他始终没有停止探索的步伐,在67岁的时候,袁隆平又产生一个惊人的想法,他决定挑战超级杂交稻。

"我的个性就是总觉得不满足",这是袁隆平对自己的评价,而正是他的

"不满足"激发了他的勇气和智慧，从而成功培养出了超级杂交稻。2000年实现了大面积亩产700公斤的第一期目标，2004年又提前一年实现大面积亩产800公斤的第二期目标，而且达到了日本、IRRI制定但至今尚未实现的标准，再次创造了领先世界水稻超高产竞赛的奇迹。2006年，袁隆平入选了美国科学院外籍院士，证明了他的价值。

然而，袁隆平并没有觉得这是多么大的殊荣，而觉得这更是一种激励，他说："我们不能因此止步不前，我们要保持领先地位。我们现在有雄心壮志，向更高的高度攀登"。这个高度就是超级杂交稻第三期目标：亩产900公斤。

袁隆平是一个永不满足的人，但就是他的永不满足激励着他在科研的道路上披荆斩棘，一路前行，进而取得了令世人震惊的伟大成就。

有这样一句经典的广告语：心有多大，舞台就有多大。一个人是否能够成功，最主要的是看一个人能突破多大的限制。一旦让固有的观念和能力束缚住你的思想，你的事业将会停滞不前。

在国外，科学家做过这样的试验，将同一批金鱼苗分成两个部分，一部分放入较小的鱼缸饲养，一部分放进较大的鱼缸饲养。在两组金鱼的生存环境和饮食控制都一样的情况下，半年之后，放在大鱼缸里饲养的金鱼明显比放在小鱼缸里饲养的金鱼大很多。

这个实验说明了这样的一个道理，在我们周围，会有很多很多的限制，如果我们轻易地被固有的观念和能力束缚，就永远也成就不了大事业。

一些人在面对新项目或者未知领域时，总是习惯说两个理由：他们说这样不行，我没有这个能力。这其实是一种懦夫的表现。生意是没有界限的，人的能力更是没有界限的，只要能勇敢地打破围绕在我们身边的种种限制，生意将会如滚雪球一样越来越大。

李宁在退役之后选择了体育产品这一行业。这个消息传出之后，很多人都认为李宁疯了。事实上，选择体育品牌，在当时很多业内人士看来，这绝对不是一个明智的选择。原因很简单，在全世界范围内，做体育运动行业的公司已经有了很优秀的代表，无论是耐克还是阿迪达斯，甚至锐步都是这个行业的佼佼者。何况，运动鞋的技术革命时期已经过去了，李宁也没有足够的资金和技术来进行自己品牌的创新。更为糟糕的是国内的环境，中国人口众多，是全球运动鞋第一生产大国，除了国外的品牌，国内生产运动鞋的厂家一直依靠着产能优势、价格优势生存着。"李宁"夹在中间，可谓四面楚歌，貌似已经走到了无路可走的境地。

但李宁不信邪，他有着自己的打算，他认为中国的体育市场还有很大的发展空间。他也有着其他体育产品公司所不具备的优势，那就是个人魅力。在经过不断的发展过程之后，李宁公司发展成为国内知名的体育产品公司。

一个公司的成功，往往源于公司领导人的视野。一个立志做大事的人，会打破陈规，做到最好，一个不思进取的人，就会墨守成规，最终被时代所淘汰。

一个人的能力是无法限量的，你永远不知道在以后的日子里你能爆发出多大的能量。一个人需要一颗积极向上的心，保持长远的发展眼光，向着更高更远的目标努力奋斗。对于一个商人来讲，观念决定自己的行动，被固有观念束缚，即使想有所作为也会畏首畏尾，最终一事无成。

虽说知足常乐，拥有一颗感恩的心可以让自己的内心更加平静，但是知足是建立在目标实现的基础上的，如果人人都安于现状，获得一点成就就满足不已，那么人类社会就不会进步，世界就不会一直向前发展了。

拥有一颗永不满足的心才会让自己更加地追求完美，拥有一颗永不满足的心才会让自己一次次地去挑战更高的高峰。对商人而言，一颗永不满足的心会让他不停地努力，不停地追求更高的目标，进而在一次又一次的挑战中超越自己。

凡事预则立，不预则废

李嘉诚说："我凡事必有充分的准备然后才去做。一向以来，我做生意处理事情都是如此。例如天文台说天气很好，但我常常问我自己，如5分钟后宣布有台风，我会怎样，在香港做生意，亦要保持这种心理准备。"李嘉诚的这种思想恰好应了中国那句老话——居安思危，未雨绸缪。

花无百日红，永恒的成功只是存在于书本中，时时刻刻有危机感才是现在这个社会的制胜之道。商场中几乎没有所谓永恒的事情，一个人，昨天可能还是百万富翁，今天就可能一贫如洗了。所以，做生意一定要有长期吃苦的准备。生意是从吃苦中得来的，成功了也并不意味着再也不用吃苦了。

一些商人，在历经艰难困苦之后，终于到了所谓成功的阶段，于是懈怠了，于是开始享乐了，最终的结果只能是生意失败，又回到了最初的起点。这不是最可怕的，最可怕的是此时的他已经丧失了去吃苦的能力。

很多人都听说过温水煮青蛙的实验。美国康奈尔大学的研究者把一只活蹦乱跳的青蛙扔进一个沸腾的大水锅里，这只青蛙刚刚触碰到热水就迅速地跳了出去。

接下来，康奈尔大学的实验人员准备了一锅凉水，然后把这只青蛙扔了进去，这次青蛙在里面自由自在地游动着，实验人员开始用小火慢慢加热。

这只青蛙开始还在锅里自由游动着，非常欢实。随着水温的不断增加，这只青蛙不但没有感觉不适，反而还是游来游去的。当温度增高到一定程度时，青蛙开始变得越来越虚弱，但是丝毫没有想要跳出去的意思，慢慢地青蛙无法动弹了，最后被活活煮死在水锅里。

这个事例一直被引用在企业的危机管理中。对于商场中的人而言，瞬息万变的时代中没有什么是永恒的。所有的成功只不过是暂时的繁华。要想得到长久的成功，要时刻告诫自己：困难永远不知道会在什么时候到来，要时刻做好吃苦的准备。

危机就像海啸，你永远不知道它什么时候到来。成功和失败往往是相辅相成的。一个人成功的次数越多，那他面临失败的概率也就越大，一个人成功达到的高度越高，那他一旦摔倒所面临的损失也就越大。

京东商城的创始人刘强东，最开始在中关村做光磁产品的代理，凭借着快速出货的能力，到了2001年的时候，刘强东的公司销售额到了6000多万，他自己赚了1000多万。刘强东开始了自己门店的建设，到了2004年前后，他已经拥有了12家的门店。

事情在2004年发生了转折，"非典"的来临让刘强东有些不知所措。每天一睁眼，12家店面，光租金、员工工资和库存，就要赔掉几十万。为此，刘强东整夜整夜地睡不着觉。重压之下，他开始泡论坛，发帖子。发的内容就是说自己是什么公司，卖的是什么产品。但这并不起作用，自己发出的帖子根本没人理会。

在非典快要结束的时候,刘强东在国内当时最大的论坛里做成了第一笔生意。从此之后,刘强东认准了电子商务,也成就了现在的京东商城。

可以说没有非典的发生,也许就没有现在的京东商城。但当时在中关村有那么多的商家,为什么单单成就了京东呢?原因很简单,在成功中不自傲,时刻做好吃苦的准备,在困境中努力寻找一切可能的商机,这才是一个商人应该有的气度。

纵观李嘉诚的一生,是不断变换和尝试的一生,原因就在于李嘉诚时刻意识到自身危机的存在。

他是从塑胶花生产起步的。当时,正当香港地区塑胶花行业蒸蒸日上,成为世界上最大的生产出口基地时,李嘉诚却看到这个行业的前途有限。于是他做出了经营领域战略转移的重大决策,转向房地产业,大力拓展房地产市场。

20世纪90年代,当香港房地产业处于巅峰时,李嘉诚又看到了这个行业的隐忧。并且指出未来的主要赢利将来自电讯业务。同年,他不断出售手中的物业,把资金投向电讯、基建和服务等领域。这次战略转移,不仅使两大集团避过了亚洲金融风暴中楼价大跌的沉重打击,而且从新兴业务中获得了巨额收益。

李嘉诚认为,经商之道首要的一点是"居安思危",要不断学习,洞悉社会动态,从而抓住商机。而且,没有一样事情会无止境地好,同样道理,没有一个行业会一直好下去。

有人惧怕失败,这很好理解,毕竟谁也不希望生活得那么辛苦。但事实上,一旦选择了经商这条道路,失败和吃苦是伴随着而来的。

进中求稳，稳中求进

对于任何一名经营者而言，能够把自己的生意规模扩大是梦寐以求的事情。尤其是对于经商的人而言，戒贪是很困难，但这也是必须要警惕的。做生意需要有不断进取的愿望，但这个愿望是应该有度的。在众多的企业经营者中，所贪的往往无外乎以下几点。

首先是规模，很多商人总觉得自己企业的规模越大越好。在现代商业社会中，每天都会有公司开张，也会有很多公司倒闭。如果你足够细心，你会发现这样一个现象，每年被市场淘汰出局的公司中，相当一部分是犯了"揠苗助长"的错误。一些商家在生意扩大的时候，往往盲目追求自己的企业规模，最终丧失了理智，成为市场的淘汰者。

其次是名声。在很多商人心中，他们贪图的是自己的名声。一些商人总是希望自己能够流芳千古，其实这也是一种贪念。在现代的社会中，一些人的名字总会出现在各大报纸之中，而一些人总会以各种名义参加各种各样的活动，这也就是人们所谓的名人。可是在十年之后，百年之后，还会有谁记得这些人。真正的名声是留在人们的心中，而不是报纸里。作为商人，名声固然重要，但为了名声而不顾一切则让人怀疑其动机了。好的名声是不需要宣传的，优秀的商人是不需要作秀的。

最后是涉及的行业。三百六十行，很多商人涉及了太多的行业，这其实也是一种贪心的表现。任何一行做好了都能够赚钱。对于不熟悉的行业，最好不要轻易涉及。看到别人在赚钱的时候，你要保证不动心。

百度的创始人李彦宏在创业之初，正是中国互联网发展的黄金时代，一些人看到网络游戏带来的巨大利益，就开始劝李彦宏转入游戏行业。但李彦宏丝毫不为之动心。他只有一个信念：我对网游市场不熟悉，我只做自己擅长的行业。如果当初的李彦宏为了短时期的利益，转身去做网游，可能就不会有今天的百度，也不会有李彦宏现在的身价。

其实，作为商人，过于贪心往往导致欺骗的发生，失去自己的合作伙伴。一个贪心的商人，每天都恨不得自己收获十倍甚至百倍的利润。但实际是很难的，一旦贪欲熏心，就只能缺斤少两或者以次充好，甚至以假当真。这种贪心的行为只能获得一时的利润，但最终会失掉自己的信誉和顾客。

企业能够生存的最大原因就是个性化。如果没有了自己的个性，企业的品牌也就无从谈起。大家可以想象一下：如果所有的人都买一样的汽车，穿同样的衣服，人们就没有购买的欲望了，到了最后，消费者变成了选择产品而不是选择品牌了。

对于一个成功的商人而言，戒贪是自己必须要经历过的事情。在别人风生水起的时候，要学会冷静看待，在一片鲜花中看到其中的荆棘。做自己擅长的事情，专注加上专心才是取胜的王道。

一个失败的商人，人们往往会将失败的原因归结于机遇、能力，等等。其实细细想起来都是自己的贪念在作怪。既然能够把事业做起来，那自己的能力是毋庸置疑的，失败的唯一原因就是超出了自己所能够控制的范围。成功的商人是需要历练的，但必须要做到发展有度。一旦有了贪念，则必须要时时刻刻提醒着自己，要有冷静的头脑，切记不可为了一时的贪念而铸成大错。

李嘉诚经常提醒大家:"大前年赚钱了,前年赚到了,去年也赚钱了,如果今年还能赚到,那就太好了。可是,这个世界没有那么顺利的事,赚了三年以后,第四年是不是还会赚呢?所以经商时应该有'赚了三年就退回一年份'的想法才好。"

从商讲究是商德,而贪念则是商德的最大杀手。一个没有欲望的商人是注定成不了大事的,而一个欲望过剩的商人迟早会跌进失败的深渊。从商亦是做人,有所为有所不为是中国人的底线,而有利可图但不唯利是图也是一个商人应有的准则。

在"谦"与"傲"间不迷失

做生意不可能稳赚不赔,一家公司的经营业绩也不可能一直好下去。但李嘉诚这个名字是华人财富界的传奇,一直让集团获得了持续的发展,其中的秘诀就在于,无论任何时候,李嘉诚都能保持难得的冷静,不会让骄傲和自大冲昏自己的头脑。

李嘉诚认为,当事业顺利时,认为是自己的功劳,不免会产生骄傲和大意的心理,而这容易导致下一次的失败。在商场摸爬滚打多年,李嘉诚知道,如果稍微走错一步,就可能引起重大的失败,所以面对成功,他没有一丝的骄傲,也不会有任何的麻痹和大意。

在一般的商人看来,生意好是自己努力的结果,一旦遇到挫折,他们就把挫折归于自己的运气不好。但是，李嘉诚反其道而行之，他认为，当事业顺利时，他应该把成功归于"这是运气好"；当事业不顺利时，他应该首先想到"原因在于己"。一个商人有这样的想法才能立于不败之地。

潘石屹的博客中曾经提到过参加李嘉诚宴客时的细节：李先生事先已经通过秘书仔细了解了客人的详细资料，并在宴请前等在电梯口迎接客人，每桌都会留有李先生的位子，宴会开始做简短发言后，李先生会在每桌轮流坐上约10分钟，向到场的每位客人致意、问好，并面带微笑倾听每位客人的自我介绍，每人都能感觉到自己是李先生今天宴请的重要客人，让人心暖。

作为商业巨子李嘉诚，依然能够如此谦谨待人，细心地照顾到每个细节，这样的精神，着实令人赞叹，令人由衷感佩。

都说创业容易守业难，一个人要想把生意做大并不困难，困难的是在事业做大做强之后是否能够克制住内心的骄傲和自大。特别是一个人在一帆风顺的时候，如果不能够保持谦逊的心态，很容易就头脑发热。

人们常说，在这个世界上没有常胜的将军，那这也就意味着也没有常败的将军。这次的成功完全可能是下次失败的开始。因为一个人要是躺在以往的功劳簿上沾沾自喜，不思进取的话，失败很快就会来临。任何的成功都只是暂时的，一旦明天某个因素发生了变化，以后面对的可能就是失败。

在漫长的人生路上，有一个可怕的敌人。他其实就是自己，说白了就是我们骄傲的内心。在历史的长河中，有多少人是成于一个"谦"字，又有多少人毁于一个"傲"字。曾有人这样说过，真正让人值得骄傲的事情就是谦虚。对于一个常年在商场劳碌的人来讲，不断成功的消息也许会让人迷失，不停的赞扬之声也许会让人心生自满。但冷静的商人是经得起各种诱惑的，不会让骄傲和自满成为自己成功路上的绊脚石。

下雨之前把伞准备好

成功并非永恒，一时成功不等于一世成功，因此心中一定要有危机意识，要随时做好吃苦的准备。生意场上的机遇转瞬即逝，有的人一夜之间就凤凰变麻雀。有的人一眨眼的工夫，辛苦积攒下来的事业大楼便轰然倒下。商场充满了太多的不确定性，因此成功也不是永恒的，这就要求商人一定要时刻拥有危机意识。

对于李嘉诚来说，他的成功绝非偶然。事实上在李嘉诚的经商道路上，他取得的成功不计其数，然而每一次的成功都没有让他停下脚步去庆贺一番，因为他知道，成功并非永恒，未来还有很多的不确定，还有很多的挑战。李嘉诚就是这样时时刻刻提醒着自己，随时都做着吃苦的准备。

少年时的李嘉诚，就与众不同，他不怕苦，不怕累，每天都保持着旺盛的精力。为了出人头地，李嘉诚忍受着别人无法忍受的痛苦。他在茶楼打工，常常利用短暂的空闲默读英语单词。为了不让茶客耻笑和老板训斥，他总是一个人靠在墙角，迅速掏出卡片瞅一眼。因为他知道，想要成功就一定要有知识，有思想。

后来，李嘉诚进了中南公司，中南公司的工作量再也没有茶楼那么大了，李嘉诚白天做工也不再那么劳累了，这样一来，晚上的时间就全部空闲出来了。因此，李嘉诚给自己定下新目标，他决心要充分利用工余时间自学完中学课程。当时李嘉诚的工资还很低，除了要维持全家的生活，还要保证弟弟妹妹读书的学费。但是李嘉诚奉行的人生另一个准则就是"勤能补拙"，正是他这种肯吃苦、不服输的劲头使得李嘉诚日后有了一番大作为。

后来，李嘉诚开办了长江公司，事业总算是略有小成。然而他依旧保持着艰苦奋斗的精神，每天勤劳得就如同挖山的愚公。每天一大早，李嘉诚就外出推销或采购。赶到办事的地方，别人正好上班。为了省钱，他从不打的，距离远就乘公共巴士，路途近就双脚行走。中午时，李嘉诚还得赶回工厂检查工人的工作，然后跟工人一道吃简单的工作餐。没有餐桌，李嘉诚和大家一样蹲在地上吃。晚上，李嘉诚仍有做不完的事，他不但要做账还要记录推销的情况，规划产品市场区域；还要设计新产品的模型图，安排第二天的生产。总而言之，李嘉诚的一天是忙碌的一天，是无法停歇的一天。

就是这种拼命的精神，使得付出最终换来了回报，随着第一批产品顺利地销出去，一批又一批订单纷至沓来，生产规模随之扩大。千里之行，始于足下。李嘉诚脚踏实地，勤于实干的精神，让自己的事业开始建立起来。

如今，李嘉诚事业有成，名利双收，但是他却时刻告诫自己要有危机意识，要随时做好吃苦的准备。最好的证明就是李嘉诚即使60多岁了，仍保持疾步的习惯。据汕头大学的教师称，李嘉诚在他捐赠兴建的汕大视察，上楼穿堂，步履矫健快速，陪同他的中年教师都气喘吁吁，颇感吃力。

心存危机意识可以让人更加清醒，这样就可远离成功后驻足安逸的诱惑。李嘉诚奋斗了一生，每天都忙忙碌碌的。他已经取得了很多人这辈子都不敢想象的成就，但是他深知成功并不是永恒的，稍不留神，手上的一切就有可能烟消云散。为此，他时时刻刻保持着高度的热情，每天都在为了下一刻做着准备。因为他明白自己的路还没走完，成功只是一时的，未来还有很多的苦等待着自己，自己能做的就是时刻准备着吃苦。

波音公司如今是世界上著名的飞机制造企业，但在 20 世纪 90 年代，由于员工的工作积极性不高，企业的产量迅速下降，企业进入了一个发展的低谷。

企业的领导者意识到了这个问题的严重性，积极寻求改善方法，在经过几番的讨论之后，最终公司的领导者们想出了一个非常奇妙的"以毒攻毒"策略。

为了刺激员工的积极性，波音公司自己摄制了一部虚拟波音公司倒闭的电视新闻片，自曝惨状。在新闻片中，一个天色灰暗的日子里，众多工作多年的工人们垂头丧气拖着沉重脚步，从波音公司大门里走出，十分无奈地离开自己熟悉的飞机制造厂。在厂房上面挂着一块巨大的牌子——厂房出售。与此同时，扩音器不断传来一个声音："今天是波音时代的终结，历史悠久的波音公司关闭了最后一个车间，卖掉所有专利，也辞退所有员工，宣布了企业的倒闭。"

这种警示起到了预想的作用，众多的员工也开始意识到，如果不改变现在的工作状态，提高自己的工作效率，那公司的末日也就是自己的末日。

真可谓"假作真时真亦假，真做假时假亦真"。员工们由于充满危机感而努力工作，尽量节约公司的每一分钱，充分利用每一分钟，波音公司的生产效率因此获得一次飞跃性的提升。

人要有居安思危的意识，要未雨绸缪。危险会随时到来，我们一定要时刻准备着迎接困难的到来。如果没有危机意识，危机到来时，你就会盲目无措，没有办法，最后只得束手就擒了。

对于商人来说，一时的成功并没有什么可庆贺的，没有哪个成功是永恒的，事情都是变化的，更何况商场是个瞬息万变的战场。因此，商人取得了一些成就后绝对不能沾沾自喜。一定要告诫自己，接下来困难还会接踵而来，要随时做好吃苦的准备。

商场上困难重重，想要获得成功非常困难，当获得一点小胜利时，千万不要得意忘形，沉溺其中，一定要知道这个小胜利只是暂时的，并不代表你接下来还会胜利。每个商人都可以成功，因此一次成功并不值得大书特书，极度吹捧。要知道骄兵必败，商人如果还想继续前进的话，要做的、该做的是要像李嘉诚一样，立刻全身心投入工作中，让自己的心从头开始，努力让自己做好准备，接受下一次的挑战，迎接下一场暴风雨的到来。

◆ 世界在变，你也得会变 ◆

世界是变化的，没有什么事情是一成不变的。这就要求我们一定要紧随时代的步伐，不断完善自己心中的想法。没有什么事情是永恒的，因此我们也不可总是抱着一个与时代不能接轨的想法来指导我们的人生。李嘉诚说："我从不间断地读新科技、新知识的书籍，不致因为不了解新讯息而和时代潮流脱节。这个世界每天都在变，如果你还是用老眼光看世界，你就会被世界遗落。"

墨守成规将很快被时代淘汰，在这个不断变化的世界上，没有永远赚钱的买卖，更不会有一成不变的生意。在变中求生存是商人最基本的能力。

对于商人而言，拥有一个发散性的思维是非常重要的。惯性思维只会束缚商人的思想，阻碍其朝着更高的目标奋斗。更会让商人失去商机，丢失机会。

夏天来了，天气日渐炎热。市场上的夏装开始走俏。然而一家服装店近来销售额很不好，原因是它周围又开了好几个比较有实力的服装店，竞争在这几家店铺间愈演愈烈。

这家服装店的老板很是着急。一般情况下，与人竞争时往往会打价格战。跟对方拼个你死我活，耗到最后坚持下来的那个人就是赢家。但是老板心里很清楚，店铺规模不大，租金相对较高。一直耗下去即使赢了也会拖垮自己。

思来想去，老板决定换个思维，改卖冬季或者销售秋季的服装。每件冬装可享受六折优惠，同时可以赠予一件夏装。

这个销售方案一经推出便吸引了大批消费者。人们一听说冬装才六折的价格并且还送一件夏装，都觉得非常划算，于是便都纷纷解囊，积极购买。一个星期后，这家服装店卖出了大量的冬装，夏装同样也被抢购一空。折合下来，净赚了一大笔钱。

服装店的老板没有遵循约定俗成的竞争规则，大打价格战。而是另辟蹊径寻找另一种方法积极销售服装，不仅使得自己的商品销售一空，更让自己服装店的知名度大大提高。简单来说是他摒弃一成不变的老方法，使用了新的方式让自己大获全胜。可见做生意不是一成不变的。

生意场上不是永远不变的，它并不会停在你对它的看法的那一刻。在你对其有了认识的时候，它其实就已经变化了。商场的局势风云莫测，很多因素都可以影响它，如果商人只是用老眼光看待这个舞台的话，那么失败就会来到你的身边。相反的，如果商人能够跳出这种惯性思维，放弃一成不变的生意经，那么就会获得更多的机会。

李嘉诚是我国著名的大企业家，他的成功激励着很多人。他从不会束缚自己的内心，他总是与市场的发展同发展，把握着市场的脉搏，不断让自己进步，这一点是值得很多商人学习的。

众所周知，李嘉诚发家的基础是塑胶业。而长江工业有限公司是李嘉诚多年的心血。当年，他的长江工业在塑胶业不断开拓创新，取得了令人瞩目的成绩，成为香港塑胶行业的龙头老大，香港人甚至是世界上的很多人都开始认识李嘉诚这个年轻人，可以说，塑胶业给了李嘉诚很多很多。

在一般人看来，既然李嘉诚已经在塑胶业取得了非常辉煌的成就，那么他完全可以继续做大做强。然而李嘉诚不这么想，在李嘉诚看来，世间万事万物都有盛衰的定律，只有那些能够看到世界大市场的发展趋势的人，才能立于不败之地。

事实上，李嘉诚也是这样做的。他的脑子总是不停地思考着自己的事业。

有一天，李嘉诚独自驱车到野外兜风，偶然看到原野上农民正忙于耕作，建筑工人正忙于盖房子。要是一般人看来，只是会感叹一下工人的辛劳和房子的好坏，但是李嘉诚却看到了商机，从那一刻起，他下定决心要投身地产业。

想到就去做，李嘉诚开始研究地产业。他发现，1951年，香港地区人口才不过200万，到了20世纪50年代末，已直逼300万。人口增多，不仅使住宅需求量大增，再加上经济的持续发展，也急需大量的写字楼、商业铺位和厂房。所以，香港长期闹房荒，房屋的增加量总是跟不上需求量。而随着香港的日益繁荣，政府实行土地高价政策，香港的现状则是地狭人稠，随着经济的发展，未来地产业会越来越成为社会关注的焦点。

李嘉诚是一个敢打敢拼的人，他深知随着香港工商业的迅猛发展，人们对房产的需求会越来越大，因此，颇有远见的李嘉诚没有瞻前顾后错失时机，而是迅速决定将投资重心转向经营房地产及物业上。

　　就这样，李嘉诚于1958年在繁盛的工业区北角购地，兴建了一幢12层的工业大厦，正式揭开了进军房地产的序幕。1960年，李嘉诚又在新兴工业区柴湾兴建工业大厦。这两幢大厦的面积共计12万平方英尺。从此，李嘉诚便在地产界大展身手，成为了地产界的翘楚。

　　李嘉诚在看到地产界的巨大发展潜力后，毅然决然地放弃了塑胶业的业务扩展，而是把投资重点放在了地产业，积极开拓新的领域，这使得李嘉诚的事业更上一层楼，让他的事业更加成功。李嘉诚在塑胶业已经取得了巨大的成功后，仍然能够毅然舍弃眼前的利益，投身尚不熟悉的地产业。

　　李嘉诚经商绝不墨守成规，在塑胶厂利润好的时候，寻找新的项目，在塑胶厂日渐成熟的时候进军地产业。这在同行看来是"不务正业"的，更是不符合生产规律的。然而正是李嘉诚这种敢于打破常规，放弃一成不变思路的做法，让他不断壮大自己的商业帝国。成为了世界知名的大企业家。

　　在发展的路上，遇到瓶颈是难免的，在这个时候，谁能够先转变思路，做出正确的决策就能够在残酷的竞争中胜出！

　　商人的眼光需要看得更为长远，而不是局限于心中所想。这个世界的所有都在变，这就决定了一成不变的眼光不会适应社会的发展。想要有一番大作为，就需要改变惯性思维，改变一成不变的思路。

　　生意场上风云激变，这一秒是风平浪静的，下一秒就有可能雨暴风狂。这就要求商人绝对不可以用一成不变的眼光看事情。商机也在不停变化，如果你不能随其变化自己的思路和眼光，成功就会与你一次次擦肩而过。

别等运气，不靠谱

成功靠什么？很多人都会认为是运气。运气在很多时候会是成功的重要因素，但这并不代表说成功是靠运气获得的。那些人们认为运气好的成功者无一不是非常具有实力的。而好的运气更是需要雄厚的实力来依托，那些只想凭借运气而一举成事的人只会一时成功，到头来只会是一世失败。

两只鹰饿了很久。它们在空中久久地盘旋着，想找到一只兔子或一只山鸡以填饱咕咕乱叫的肚子。但是，飞了很久很久，它们什么也没有找到，连一只老鼠的影子都没有。

一只山鹰终于受不了了，落到山岩上，不愿意再继续找下去。而另一只山鹰则继续盘旋着，一圈又一圈，努力地寻找着可以吃的猎物。终于，它发现了隐藏在草丛中的一只肥肥的兔子。

它欣喜若狂，快速飞了过去，成功地抓住了这只兔子。当它叼着战利品落到伙伴身边时，伙伴无比羡慕地说："你的运气真好！我的运气怎么就这么差呢！"

捉到兔子的山鹰若有所思地说："大概是这样吧，我运气确实比你好，不过我发现，运气好像比较喜欢那些有准备，有毅力的人。"

这个故事有着很深的寓意，捉到兔子的山鹰不辞辛劳、有耐心，才发现隐藏的兔子。而怕苦怕累的那只山鹰却运气不好，抓不到半只猎物。可见，运气其实不完全是偶然的，运气还是会眷顾那些有准备的人。而那些一心想要靠着运气成功的人往往不会成功。

运气永远不会青睐那些依赖它的人，一个守株待兔的人不会再见到兔子的经过，那些总是等待着天上掉馅饼的好事到来的人只会是徒劳一场。成功的人不会依赖运气，而仅仅是把运气当作敲门砖，然后用自己的实力把好机会变成胜利的果实。

商人更应该明白这个道理，运气永远不会青睐依赖它的人，那些想要靠着一时的幸运而做大事的人，到头来只会落个失败的下场。

在市场的大潮中，冯先生下岗了，为了维持自己的生活，他开了一家小烟草店。生意不是很好，但能维持自己的生活。但冯先生对自己现在的处境很不满意，总想多挣一些钱。

有一天，冯先生从二手市场路过，看见市场边上有几个青年在卖烟，虽然都是一些高档的好烟，但价格却异常的低廉。

看到这里，冯先生停下了脚步，心想，自己的烟草店一向挣得不多，如果自己进烟的成本降下来，那利润空间不就大了吗？

冯先生二话没说，马上去银行取了钱，将年轻人的烟全部买下，并且和那几个卖烟人达成协议，以后只要有货，就都送到冯先生的小店里去，价钱就按今天这个价。

就这样，冯先生进货的成本大大降低了，利润也随着飞速上涨。在这段时间里，冯先生的生意可以说是风生水起。

可是没有想到的是，没过多长时间，冯先生便被请进了警察局。这是怎么一回事呢？原来，那几个卖烟人的货是偷来的，并不是正规渠道得来的，所以他们才会低价急于出手。那几个人被抓住了，他们在拘留所里供出了冯先生替他们销赃。冯先生这回是百口莫辩，想要一再解释说自己不知道香烟是赃物，警察也不肯信了。

公安机关的人将冯先生带到警局查问，因为香烟的数量不是很大，冯先生最终只被罚了款，拘留了几天。可冯先生从拘留所出来后，周围的邻居都认为冯先生品行不端，再也没人去他那里买烟了。几周后，冯先生的烟草店因为经营不下去也只好悄然关门了。

冯先生之所以经商失败，是因为他心存侥幸。其实，任何一个明眼人都能看出那批低价的高档香烟绝对是有问题的，但冯先生却为了贪图这点小便宜偏要铤而走险。这样做也许一次两次可以凭借运气而获得收益，但最终，冯先生所依赖的运气还是没有站在他这一边，东窗事发之后，他的经商之路也就走到尽头了。

成功不是靠运气得来的，那些看似幸运的人，其实付出了很多你不曾看到的努力，机遇总是垂青于有准备的人。他们付出了，所以运气才会总是站在他们的那一边。那些只想靠运气赢得一切的人是愚蠢的，是可笑的，更是可悲的。

不要总是依赖运气，运气这种东西是不确定的，如果运气一天不来，你就要一天不行动吗？商人宝贵的是时间，每一分每一秒都会有很多商机出现，如果你只等着运气送上门，而不是去努力争取，运气就永远不会来到你身边的。因为运气永远不会青睐依赖它的人。

依赖运气的商人是被动的，当你在等待运气找上门来时，别的商人已经在积极行动了，运气不来，你就彻底失败了。即使运气来了，你也被别人远远甩在后面了。

第 6 堂课

**勤勉理念：
时间在追，你要更用力地奔跑**

如果要问李嘉诚能够成功的秘诀，
那么勤勉一定是其中一个很重要的因素。
勤奋与努力让李嘉诚愈加睿智，
这样的睿智体现在他商业活动的方方面面。
勤奋努力，
朴实无华的四个字却道出了自我改变的最佳途径。

不努力，就没资格抱怨不成功

俗话说一分耕耘一分收获，成功是需要努力得来的，任何事业都是如此。只有努力了才会有回报，那些想要不劳而获的人，到头来总会是一无所获，沦为笑柄。生意场上更是如此，没有哪一个老板不经过努力就建造了自己的事业大厦。更没有哪一个老板是没有通过付出辛勤的劳动就拥有了一切的。

古人有云：吃得苦中苦，方为人上人。想要有所作为，想要实现自己的人生目标，不付出努力是不可能的。一分耕耘才会换得一分收获。你只要乐观地面对每一个困难，勇敢地跨过人生的每一道坎儿，你就会看到胜利的曙光。

事业同样需要耕耘，想要把自己的事业做大做强，就需要不断去耕耘。事实上，世界著名的大企业家们有绝大部分都做过推销员之类的艰苦工作。也正是这些工作的磨炼，才造就了他们的成就。

松下幸之助在小的时候，家里很穷，为了缓解父母的压力，矮小瘦弱的他想到一家电器工厂谋求一份工作。来到了人事部长的面前，部长看着衣着肮脏，又瘦又小的他，冷冷地说了一句："我们眼下不缺人，你一个月后再来看看吧。"

听到部长的话，松下幸之助只好起身告辞。在很多人眼中，部长的话基本上已经宣判了求职者的死刑。没有想到的是，一个月后，松下幸之助又来了。无奈的部长又假说有事，要他隔几天再来。谁知，几天后松下幸之助又来了。

反复几次之后，这位部长终于说出了拒绝的真正理由："你这样脏兮兮的，是进不了我们工厂的。"

虽然部长的意思很明确，但松下幸之助毫不气馁，回去借了些钱，买了一套整齐的衣服，穿戴整齐之后又一次来到了部长的面前。不过这一次，部长又想出了一个拒绝他的办法："关于电器方面的知识你知道得太少了，我们还是不能要你。"其实，部长这时候已经是在有意考察松下幸之助了。

两个月后，松下幸之助再次走进了部长的办公室。他说："现在我已经学了不少有关电器方面的知识了。您看我哪方面还有差距，我可以用时间来一项项弥补。"

部长盯着松下幸之助看了半天，异常感慨地说："说实话，我干这行几十年了，你这样来找工作的我是第一次见到，你的坚韧和耐心让我感到吃惊。"

终于，松下幸之助的执着为自己赢得了工作。后来，部长和他的好朋友聊天的时候无意间谈起了这件事，部长感慨道："松下幸之助这种不屈不挠的执着精神，恐怕将来要飞黄腾达了！"

果然，在以后的岁月中，松下幸之助应验了那位部长的预言，他逐渐开创了自己的事业，成为松下电器公司的总裁，更被日本人誉为"经营之神"。

"不经历风雨，怎么见彩虹，没有人能随随便便成功"，就像歌词里说的那样，只有努力了，你才会看到成功。只有拼搏了，你才会更有勇气去争取胜利。只有努力了，你才有资格去品尝胜利的味道。一分耕耘才会有一分收获，天上没有掉馅饼的好事，没有哪个成功是随随便便就到手的。想要品尝胜利的滋味，就要去努力，去拼搏，只有努力了你才有资本去赢得胜利，赢得人生。

在一次论坛上，大家向比尔·盖茨问得最多的问题是："你成功的主要原因是什么？"比尔·盖茨的回答是："工作勤奋，我对自己要求很苛刻。"

在微软创业初期，比尔·盖茨就异常勤奋努力。微软老员工鲍伯·欧瑞尔说出了他1977年进入微软公司时比尔·盖茨的工作状态："那时候比尔满世界飞。他会亲自跑到各个公司跟人家谈，比如施乐公司、德国西门子公司、法国公牛机器公司。那些公司会有一大帮技术、法律、销售及业务人员围着他，问他各种问题。比尔经常单枪匹马参加世界各地的展览会，推销产品。比尔整天都在销售产品，有时他刚出差回来就连续上班24小时，累了就在办公室睡一小会儿。"

虽然微软的员工们工作非常卖力，但都勤奋不过他们的老板比尔·盖茨。事实上，比尔·盖茨至今依然如此勤奋努力。哈佛商学院的事例中有这样的说法："比尔·盖茨好像就住在办公室。他每天上午大约9点钟来到办公室后，就一直待到半夜，休息时间似乎就是吃比萨饼外卖的这几分钟，吃完后他又继续忙开了。"

一分耕耘一分收获，付出总会有回报。爱迪生经过不懈的努力，最终看到了白炽灯的耀眼光芒；祖冲之经过不断的演算，使圆周率更加地精确；王羲之每天洗墨练字，终成一代大家。是不断地努力让他们获得了成功，是他们的辛勤耕耘才最终有所收获。

战国时，齐国的齐宣王非常喜欢音乐。为此，他派人到处寻找能吹善奏的乐工，然后把他们组成了一支乐队。

齐宣王尤其爱听用竽吹奏的音乐,并且非常喜欢众人一起吹。有个游手好闲、不务正业的南郭先生,知道齐宣王喜欢音乐,正在寻找吹竽的高手。赏赐的待遇又很优厚,就一心想混进这个演奏班子。

其实南郭先生根本不会吹竽,不过当他听说齐宣王喜欢所有的乐工一起演奏的时候顿时大喜,他心想:"如果我混在里头,装装样子,谁也看不出来!"

于是南郭先生加入了乐队。每当乐队演奏时,他就学着别人。由于他学得惟妙惟肖,好几年过去了,倒也相安无事。

然而,齐宣王去世后,他的儿子齐闵王继承了王位。虽然齐闵王也喜欢听竽,但是他却不喜欢合奏,而爱听独奏。他要求乐工们一个个轮流吹奏给他听。

见到这种情况,南郭先生知道轮到自己一定会露出马脚,这可是欺君犯上的罪名,是要被杀头的!想到这,南郭先生赶紧收拾行李,慌慌张张地溜走了。

南郭先生想要滥竽充数,不思进取。最终灰溜溜地逃走了,实在是让人感到可笑。南郭先生的经历告诉我们,人只有通过努力才会得到回报,一心贪小便宜、想要不劳而获的人不会有好结果的。

在商场上,商人一定不能当南郭先生,不思进取,贪图安逸。一定要让自己勤劳起来,因为只有勤劳才会让自己更有干劲,才能更好地抓住机会。对于实力弱的商人来说,勤能补拙,笨鸟之所以能够先飞,是因为它比聪明的鸟更勤奋。如果勤奋一点,你就会离成功更加地近。对于实力强的商人来说,勤劳是打败别的竞争对手的重要因素,只要比对手多做一点,胜利的砝码就会在自己这边重一点,这样胜利的天平就倒向了自己。

想要做一名成功的商人，就让自己勤劳起来吧，因为只有经过一分耕耘才会有一分收获。想要成功并不是非常困难，只要你有一颗拼搏的心，只要你肯努力，辛勤的汗水总会浇灌出成功的果实。

时间要靠挤一挤

时间对我们来说是无比重要的，时间既是我们的朋友又是我们的敌人，而是敌是友却是我们所决定的。充分利用好时间的话，就可以给我们带来好的结果，我们就可以无往不利。相反的，如果不懂得把时间抓在手里，那么时间就会不停地与我们作对，一步赶不上，步步就赶不上了。

伟大的思想家鲁迅曾说过："时间就像海绵里的水一样，只要你愿意挤，总还是有的。"时间等于生命，浪费时间就是浪费生命。现实生活中，很多人都不懂得抓住时间，时间总是在他们身边白白浪费掉。对这些人而言，时间总是在奴役着他们，最可悲的是他们却浑然不觉。罗曼·罗兰曾说过："时间的流逝，如同平静的河水，没有一道裂痕，没有一道皱纹，从容不迫，好像永生永世都该如此。"这也使得很多人觉察不到大好光阴的消逝。

每个人都有梦想，每个人都想要品尝胜利的果实。为此很多人都在努力打败别人。其实时间才是我们最重要的敌人，如果我们能够把时间抓在手里，我们就可以充分利用时间，为自己赢得先机，那么我们就是成功的主人了。

王亚南是我国杰出的经济学家。他为我国经济发展做出了重大的贡献。王亚南小时候就胸有大志，他酷爱读书，这为他后来成才打下了非常好的基础。

王亚南非常勤奋，十分珍惜时间。他在读中学时，为了争取更多的时间读书，特意把自己睡的木板床的一条腿锯短半尺，成为三脚床。每天王亚南都会读到深夜，实在是困了他就上床去睡一觉，但是他不允许自己熟睡，因此只要他迷糊中一翻身，床就会向短脚方向倾斜过去，他一下子被惊醒过来，便立刻下床，继续苦读。

王亚南就这样日复一日，年复一年，从未间断。结果他年年都取得优异的成绩，被誉为班内的三杰之一，后来成为了我国著名的经济学家。

王亚南的成功是他能够珍惜时间，抓住时间得来的，他充分利用每一分每一秒，加紧读书，使得自己拥有了比别人多很多的学习时间，从而成为了一个有大作为的人。

时间的重要性我们每个人都懂得，但是懂得并不能代表我们能够很好地利用，很多时候人们都是在不经意间就把时间放走了。对于商人而言，时间就是他们的生命线。经商讲求速度，速度快就可赶在别人前面，成功的概率才会更大。

在现代社会里，经商更讲究效率。只有直接进入主题，干净利落地解决业务上的事情，才能为自己留下更多的思考时间。

一个商人最大的意义就在于最大限度地实现利润的最大化，为社会贡献企业最大的力量，为社会创造更多的财富和价值。因此，作为商人，要充分利用每一分钟，即使一秒钟也不要白白地浪费掉。在这一点上，李嘉诚就做得很好。

李嘉诚是一个十分珍惜时间的人，他非常明白时间对于商人的重要性。年轻时的李嘉诚，每天睡觉之前都要仔细地思考一下，自己一天到底做过哪些事情，是否有虚度时光的时刻。甚至于偶尔一次午觉他都会觉得非常内疚，认为自己是在浪费大好时光。起初在做茶楼伙计的时候，李嘉诚就懂得充分利用时间来学习充电。他同样也练就了一副好脚板，这也为他后来做推销员奠定了好的基础。由于李嘉诚珍惜时间，加上健步如飞，他总能比别人多跑数里地，多拜访几个客户，这样成功的概率就比别人多很多。这也是后来他当了经理而别的伙伴仍然在做推销员的原因之一。

　　李嘉诚时常会告诫自己的员工，要充分利用日常的每一分钟，即使是一秒钟也不要白白地浪费掉。因此，现在的李嘉诚养成中午不睡午觉的习惯，如果实在是困得受不了，就猛喝咖啡提神。即使李嘉诚已经很大岁数了，他依然走路生风，稳稳当当。这也从侧面反映出来了他珍惜时间，能够抓住时间的品格。

　　李嘉诚珍惜时间还表现在他说话从来不会拐弯抹角，而是直接切入主题。他非常讨厌说话婆婆妈妈、啰啰唆唆的人。在李嘉诚看来，一名合格的商人就应该具有视时间如生命的精神。那种不紧不慢，讲半天仍然不知所云的商人是不可能成功的，因为他所有的时间都浪费在说话上。而李嘉诚的成功实在是要归功于他对时间的把握上，正是能够充分利用时间，他才成为了成功的主人。

　　在现代社会里，经商是要讲究效率的。只有直接进入主题，干净利落地解决业务上的事情，才能为自己留下更多的思考时间。

　　不做时间的主人，就要做时间的奴隶；我们若不利用时间，时间就会把我们耗尽；成功的人与不成功的人之间的差别不是他们拥有的时间多少，而是如何利用时间，因为每个人每天都有 24 小时。

　　成功的商人都把时间看得十分重要，在工作中往往以秒来计算时间，他们总是分秒必争。有许多商人都不懂得如何珍惜时间，如何高效利用时间。这使得他们在激烈的竞争中总是尝到败绩。其实想要成功很简单，首先要考虑好如何合理地安排好时间，如何更好地抓住时间，这样才能集中精力经商。

　　时间是吝啬的，也是慷慨的。是我们的对手更是我们的朋友。勤奋的人是时间的主人，懒惰的人是时间的奴隶。赢得了时间，就赢得了财富。抛弃时间的人，时间也会抛弃他。商人必须学会善于利用和把握时间，像李嘉诚一样，把握时间，抓住时间，只有这样才会有赚钱的资本，有成功的底气。

总比对手多做一点

　　想要在一场对决中迅速取得胜利是很难的，战胜对手的法宝就是你一定要比对方更努力，比他做得更多，这样你才会占据主动，从而获得胜利。

　　在生意场上，残酷的竞争无处不在，无时不在。商人想要在这片残酷的领域内有所建树的话，就需要更加的努力，更加的勤奋。事实上，你只要比竞争对手多做一点就足够了。在这一点上，李嘉诚非常有发言权。

　　年轻的李嘉诚通过朋友介绍到一家小塑胶厂当推销员。他不怕苦不怕累，始终以积极的心态对待人生。每天下班后，疲惫几乎是他的全部感觉，别的同事大多都会立即倒头就睡。然而，李嘉诚却每天顶着困意学习文化知识，不断提高自己。

在推销的过程中，他也不像其他推销员那样，只是简单地推销商品，而是不停地钻研，认真总结，然后琢磨出好的推销方法来。由于他的出色表现，很快就当上了工厂的业务经理。在他当业务经理期间，工厂的产品卖得十分火暴，很多的推销员都向他讨教方法，他都会耐心讲解一番。

经理职位已经是很多人梦寐以求的了，但是李嘉诚不会满足于此。他毅然辞职，想要建立自己的公司。他的决定让很多人都十分不解，但是无论多少人劝说他，他没有一丝动摇。

辞职后，李嘉诚自己开设了一家小塑胶厂，工厂取名为"长江塑胶厂"。李嘉诚期望自己的事业也像长江一样，由小到大，由弱到强，并希望借这个响亮又富有气势的名字，令其日后的业务能得到完满的发展。

长江塑胶厂在李嘉诚的苦心经营下越来越好，公司的利润还比较可观，公司也在塑胶业站住了脚，成了众多塑胶公司里的重要一员。李嘉诚也成了香港商界的响当当的人物。

试想假如李嘉诚迷恋于总经理的位置而驻足不前，那么香港商界就少了一个传奇人物了。其实李嘉诚的成功没有什么诀窍，他只是比别人多做了一点，别人睡觉时他在看书。别人在忍受着推销的劳累时，他却乐在其中研究好的推销方法。就是这些积累而来的小小进步，让李嘉诚日后得以出人头地。

其实很多时候，你只要稍稍多做一点，你就会离成功更进一步。坚持是成功的敲门砖，坚持下去，比别人多做一点，你就会更早地看到成功向你招手。

有一年，村子里大旱，庄稼死了大半，牲畜渴死的不计其数。人们的生活更是非常困难，生存下去变得十分艰难。

"一定要想办法弄到水，不然我们就死定了。"村子里的人全都嚷道。

"可是去哪里找水呢？"很多妇女表现出了失去希望的表情。

这时一个年轻的小伙子大声地说道："村东头的树林旁，地下一直湿漉漉的，那里一定可以挖到水的。"

"对呀，我怎么没想到呢？"村子里的人全都兴奋起来。

村长说："那我们分头去挖水，水对我们是非常重要的，我们一定要成功，如果谁挖出了水，谁就是我们村子的大恩人，村子会给他一大笔钱作为酬劳，大家说怎么样？"

"好，就这么定了。"大伙兴奋地摩拳擦掌。

大伙全都收拾完毕，便扛着铁锹来到了村东头的树林旁，每个人都干劲十足，毕竟关系到村民的生死，更何况还有一大笔钱。

到了目的地，村子里的人选定一块自认能出水的地方，全都挖了起来。整个场面十分壮观，干劲十足。

一个小时过去了，又一个小时过去了，很多村民都泄了气，已经挖下去了很深的坑仍旧没有出水。看到这种情况，一些村民换到另一个地方去挖。有的人抱怨根本就挖不出来水。人们都一副垂头丧气的样子。

又一个小时过去了，几乎所有人都放弃了。然而还有一个年轻人仍然在努力着，他一直在挖，从没有换过地方，更没有放弃。很多人都嘲笑他傻，但是他不为所动。就当所有人都觉得他无可救药的时候，只听他兴奋地大叫："水，是水，我成功了，我挖到水了。"

所有人都愣住了，继而相拥大叫。人们大口地喝着水，整个村子都洋溢着欢乐。而这个年轻人成为了村里的英雄。

年轻人的成功没有什么诀窍，他无非是比其他人多挖了几下而已。而就是这简单的几下，让他成功挖到了水，其他人只能面对失败。作为商人，一定要像这名年轻人一样，只要比竞争对手多做一点，你就会更接近成功。

很多人都会抱怨自己运气差，同样做一件事，自己做了很久却没有什么进展，而当别人做的时候却顺风顺水，一路到底。其实不是别人运气好，而是你没有继续做下去。如果你再坚持一下，多做一点点，或许你就能够触碰到胜利了。

熟悉体育运动的人都绕不过两个著名的品牌，那就是阿迪达斯和耐克。在这个时代，耐克的发展始终压制着阿迪达斯。但很多人并不知道，在20世纪70年代，世界上最大的体育运动品牌是阿迪达斯，耐克只是美国本土上并不知名的一个牌子而已。

在当时，阿迪达斯的王者地位是无法撼动的。他们首创了让知名运动员代言的方式，并且在世界大赛上展示自己的产品。举个简单的例子，在蒙特利尔奥运会上，穿阿迪达斯公司制品的运动员竟然占到了全部个人奖牌获得者的82.8%，这个时候的阿迪达斯是体育运动界的强大巨人。

但耐克之所以能够后来居上，是从一双小小的跑鞋开始的。60年代末70年代初的这段时间，随着美国人对身体健康状况越来越关心，参加散步的人数不断增加，这也就意味着美国跑鞋需求量大幅增加。然而，作为世界最大的跑鞋制造公司的阿迪达斯却没有充分利用本时期跑鞋销售的大好时机，而且更为糟糕的是，它低估了美国竞争者对市场的介入和攻势，让自己陷入了被动的境地。

耐克公司的创始人是菲尔·索特和比尔·鲍尔曼。在耐克公司发展的初创阶段，实际上主要还是以仿照阿迪达斯公司的产品为主。在拥有了一定的规模之后，为充分发挥企业潜力，占领市场，耐克公司已不再甘心只做阿迪达斯的仿制品了。

为了能更快地追赶上对手,他们开始精心研究和开发新概念运动鞋,并力求推出比阿迪达斯公司种类更多的产品。到 70 年代末,耐克公司的研究和开发部门雇用的研究人员将近 100 名。这些研究人员为耐克公司生产出 140 多种不同式样的产品,其中某些产品是市场上最新颖和工艺最先进的。这些运动鞋不仅仅在运动项目上分为足球鞋、篮球鞋、网球鞋、跑鞋、户外运动鞋等不同种类,更是根据不同脚型、体重、跑速、训练计划、性别和不同技术水平而进行了极具针对性的设计。耐克公司的努力得到了应有的回报,越来越多的人喜欢上了耐克公司设计的鞋子。尤其是在美国,人们已经渐渐发现耐克公司是提供品种最全的运动鞋制造商。

有了坚定的技术支持,有了消费者的购买热情,耐克公司发展速度极其迅猛。到 70 年代末 80 年代初,耐克旗下的 8000 个百货商店、体育用品商店和鞋店等经销商中有 60% 都提前订货。到 1979 年,耐克公司在美国市场的占有份额达到了 33%,超越阿迪达斯跃居首位。

两年之后,耐克更是遥遥领先,其市场份额已达近 50%,将阿迪达斯在市场上逼得节节败退。此时的阿迪达斯已经追悔莫及,他们对运动鞋市场的增长状况估计不足,使得他们一失足成千古恨,最终败给了耐克公司。耐克公司也一举成为世界上知名的体育运动品牌,赢得了蚂蚁和大象的竞争。

在阿迪达斯最强盛的那段时间里,刚刚起步的耐克公司甚至连成为阿迪达斯商战假想敌人的资格都没有。但是最后,战胜阿迪达斯的也并非是诸如彪马、锐步这些阿迪达斯的假想敌人,而是名不见经传的耐克,而耐克公司赢得这场竞争的最大法宝正是他们把一切都尽可能地做到最好。

你只要比竞争对手多做一点就够了,这是李嘉诚的成功之道,更是商人胜利的法宝。商人只要乐于上进，时刻警示自己，先竞争对手一步，胜利就不再是遥不可及了。相反的，如果商人没有持之以恒的态度，那么他就不会有更高的发展了。

捷径到不了终点

成功没有什么秘诀，更没有什么捷径可言。想要成功就需要付出努力，没有人可以不劳而获的。对于商人而言，当别人在娱乐的时候，而你却在工作，成功的就会是你。世界上获得成功的企业家都是付出了常人难以想象的艰辛才取得令人瞩目的成就的。李嘉诚就是一个很好的证明。

当别人在娱乐时你在工作，这样你就会比别人积累更多的知识和底气，你才能在与别人的竞争中胜出。同样的道理，如果你在娱乐时，别人却在努力，即使你比对方优秀，这个差距也会被一点一点填补的。如果你本来就比对方弱，别人努力了你却在娱乐，那么胜利只会偏向对方，而你只会与对方的距离越拉越大。经商也是这个道理，想要比别人强就要比别人更加勤奋，李嘉诚的成功很好地诠释了这一点。他说："年轻时我表面谦虚，其实我内心很骄傲。为什么骄傲呢？因为同事们去玩的时候，我去求学问；他们每天保持原状，而自己的学问日渐提高。"

李嘉诚取得今天的成就，他的聪明头脑是重要原因之一，然而他的勤奋努力却是他取得成功的关键因素。李嘉诚的父亲在他小时候就离开了他，李嘉诚早早地担负起了家庭的重担，他不但要挣钱养家还要供妹妹学习。李嘉诚从来都没有抱怨过，他每天都努力工作。

当初，李嘉诚在舅舅的中南公司工作，但是他从来都不依赖舅舅，而是从学徒开始做起。

他每天都起早贪黑，倒茶、扫地、擦桌子这种脏活累活他总是很好地完成，从来都不喊苦、不喊累。

其他的伙计总是回到家后倒头就睡。诚然，一天中有如此大的劳动量是谁都会疲惫不堪。然而，李嘉诚没有这么做，每天下了班，他都会强忍着巨大的疲倦感，拿起书来学习知识。在别人打呼噜、做着美梦的时候，李嘉诚却在挑灯夜读。除此之外，他还利用空隙时间，跟师傅学艺，细心观察、学习别人如何做生意，如何接待主顾，如何成交等知识，这为他后来创业打下了非常坚实的基础，可以说，李嘉诚的磨炼造就了他坚毅的心。

后来，李嘉诚提起这段经历时非常感慨："父亲去世时，我才14岁，面对严酷的现实，我不得不去工作，我不得不离开我心爱的学校和教室。那时我太想读书了，可是家里经济条件非常差，为了读书我只好去买些旧书供自己阅读。读完后我就卖掉它，这样一来，我就可以少花钱多读书了。我对自己的童年还是非常满意的，因为当别的孩子玩的时候，我却在学习。我明白自己在一天天地进步，而他们却还是在原地踏步，这让我感到非常自豪。"

李嘉诚就是靠着顽强拼搏的劲头获得成功的，他把自己的成功归功于自己的努力。只要比别人多做一点，你就会先人一步获得成功。

成功没有什么捷径，想要获得成功就要付出努力。竞争的日趋白热化使得我们必须更加努力。你要时刻提醒自己，在你努力的时候，别人同样也在奋斗。这样一来，每个人还是在同一起跑线上，因此，想要超越别人，想要比别人更早到达成功的彼岸，就要比别人更加努力。在别人娱乐时，在别人享受安逸时，你却在努力地做事情，那么成功有什么道理不光顾你呢？

爱迪生是世界著名的大发明家，他的发明为人类带来了非常大的影响。小时候的爱迪生并不是很聪明，相反的可以说是笨得很，他是同学们嘲笑的对象，他更是老师眼里的笨学生。但就是这样一个不被人看好的孩子，日后却震惊了世人。

爱迪生知道自己比别人笨，于是便暗自下决心，一定要比别人更加努力。他喜欢搞发明，当别的孩子在嬉戏打闹时，他就独自一人认真地做小发明，这些为爱迪生的成功打下了良好的基础。

后来，爱迪生长大了，他成为了世界著名的发明大王。他的发明给人们带来了翻天覆地的变化。尤其是他发明的电灯，更是成为人们生活中不可缺少的电器。爱迪生的成功得力于他坚持不懈的努力，他总是在别人休息、娱乐的时候想着工作。有人曾做过这样的计算："50年中，爱迪生在他的实验室里或工厂里，每星期工作6天，甚至7天，常平均有18小时的日常工作。以多数人每日8小时的工作计算起来，他在工作上所贡献的时间，普通人要费125年的劳力。"可见爱迪生的成功，是他付出了比别人多数倍的努力得来的。

爱迪生就是一个工作狂，他的一天几乎都是在工作中度过的。在工作中，爱迪生非常地认真，为此还出现了很多笑话。据说一天早晨，仆人送早点来时，爱迪生正趴在桌子上打盹，仆人不敢去惊动他。

他的助手已吃完了早餐，正好闲来无事，于是想要找点乐子，这时他眉头一皱计上心来。

他把鸡蛋火腿等空碟子放在了爱迪生面前，然后等着看好戏。

果然，没多久爱迪生就醒了过来，只见他看见了眼前的这些空碟子，喝干了的咖啡杯子，和满桌的面包屑，然后愣了一下。接着挠挠头不好意思地嘟囔道："原来我已经用了早餐了。"然后就离开了餐桌开始工作！他的助手见此场景哈哈大笑，爱迪生恍然大悟，才知道自己被愚弄了。

这个小故事会让人觉得好笑，但是爱迪生忘我的工作态度却让我们每一个人竖起大拇指。他全身心地投入到工作中，从而为这个世界创造了无数的发明。在别人享受安逸的时候，他却在努力工作。在别人四处闲逛的时候，他却一定不动地坐在椅子上。他的成功不是偶然，而是必然。

天道酬勤，只有那些比别人更勤奋、更努力的人才是与众不同的人。作为一名商人更是需要勤奋，想要成为一个优秀的商人，想要和李嘉诚一样有大作为，你就要让自己勤奋起来。只有付出了比别人更多的努力，你才会比别人更有信心去迎接成功。

志向，知识，恒心

很多人都在寻找一种成功的定式，企图找到成功的捷径。但事实上，成功是没有定式的，不同的人所能想到的成功方式永远不尽相同。在优秀企业家聚在一起的时候，你可以发现其中有不知疲倦的高谈阔论者，有安静倾听的沉默者，有做传统工业的大佬，也有新兴产业的翘楚……每个人的成功都是属于各自的成功，但他们在某些问题上却是有着共同的原则，那就是做人。

李嘉诚说："正正当当做一个商人是不容易的，因为竞争越来越大。但如果个人没有原则，从一个不正当的途径去发展，有的时候你可以侥幸赚一笔大钱，但是来得容易，去得也容易，同时后患无穷。"他也经常说，人第一要有志，第二要有识，第三要有恒，有志则断不甘为下流，有识则不为社会所弃，有恒则不为诱惑所迷。

早年，李嘉诚跟随父亲来到香港地区。14岁那年，父亲病倒了，李嘉诚作为长子，挑起了生活的重担。从此也离开了课本，离开了学堂。

被迫辍学后，李嘉诚进了一间茶楼做事。一年后，他进入舅舅的钟表公司。几年后，又跑到一家很小的五金公司当推销员，不久再次跳槽到一家塑胶制品公司。

频繁的跳槽经历，完全是出于生活所迫。在生活重压之下，一无所有的他萌生了自己创业的想法。他认为，一个人只有依靠自己，具备相当的实力，才能掌握自己的命运，做自己喜欢的事情。这种自立精神为他日后创立自己的商业帝国发挥了关键作用。有了自己创业的志向，李嘉诚就开始利用一切机会学习从商的知识，积累从商的经验。无论是与人打交道，还是学习书本知识，李嘉诚横下一条心，把心中远大的理想化为实际的行动，努力地一步步接近成功。

后来，李嘉诚谈到自己从商的经历，深有感触地说："创业之初，你是否有资金都无关紧要，重要的是你有梦想，并且不会轻易改变这种创业的信念，它是你迎战艰难、屡败屡战的精神动力。而后在实践中学习知识、总结经验，并把这种热情持续下去，离成功就不远了。"

如果细心总结，你会发现：志向、知识、恒心对于任何一个渴望成功的人都是不可或缺的。

很多商人在成功之前，往往是最贫困的人，正是因为对现实生活的不满，才有了创业的志向，努力学习知识并努力坚持下来，最终达到了成功的境地。这不仅是李嘉诚的成功秘籍，也是任何白手起家商人成功的秘诀。

英皇钟表集团主席杨受成，也是自立自强的典范。12岁那年，他目睹了父亲一夜间倾家荡产的惨景。当时，债主临门，全家被人百般羞辱。这件事使杨受成一下子长大了，也懂事了，他立志以后一定要出人头地，替父亲争口气。中学还没毕业，杨受成开始帮助父亲做生意，走上了经商之路，并摸索出一套赚钱的绝技。

无数商人的创业故事都印证了确立志向、学习专业知识经验，进而持之以恒的成功路径是可行的。

当你一无所有的时候，正是你最容易放手一搏的时候。许多人在面对巨大的生存压力之下，他们渴望着改变自己的命运，掌握着属于自己的未来生活。所以，当你一无所有的时候，完全可以将这种压力转换为动力，找到全新的道路。

当你决定改变的时候，要记得实时学习。一个不善于学习的人很快会被这个时代淘汰、在这个知识经济的社会中，不断地学习才能掌握最新的知识，才能掌握主动权，才能在激烈的竞争中保持有力的竞争态势。

当你遇到困难的时候，请不要放弃，没有人能够随随便便成功。现阶段所遇到的困难都只是暂时的。要坚信一个简单的哲理：坚持到底就是胜利。

所以，经商成功，志向、知识、恒心缺一不可。成功没有捷径，唯有按照最基本、也是最难达到的三要点去做，才有可能获得成功。

运气往往昙花一现

有人说，古往今来那些成就了大事业的人都是幸运的人。他们受到了上天的照顾，他们的运气会比别人好很多。其实不然，成功固然需要运气，但是只凭运气是不能获得最后的成功的。人的一生是需要不断努力的，只有那些努力的人、有上进心的人才会有美好的明天，才会有所成就。世上没有一直幸运的成功者，如果你渴求成功，那么你只有付出了辛勤的努力，机遇才会来到身边。

李嘉诚曾这样说道："对成功的看法，一般中国人多会自谦那是幸运，绝少有人说那是由勤奋及有计划的工作得来。我觉得成功有三个阶段。在20岁前，事业上的成果100%靠双手勤劳换来；到了20岁至30岁时，我的事业已有些小基础，那10年的成功，10%靠运气好，90%仍是由勤劳得来；之后，机会的比例也渐渐提高；到现在，运气已差不多要占30%~40%了。总的来说，第一个阶段完全是靠勤奋工作，不断奋斗而得成果；第二个阶段，虽然有少许幸运存在，但也不会很多；现在当然也要靠运气，但如果没有个人条件，运气来了也会跑去的。"

想要成功是需要一成的运气和九成的辛劳的。运气对于每个人来说就像引路石，可以给你减少很多不必要的麻烦，带来更大的成功概率。但是仅凭着运气就想敲开成功的大门这是绝对不可能的。

李嘉诚早期时一直在做推销员，每天起早贪黑的，走街串巷，一天要走几十里路。为了更好地推销自己的产品，李嘉诚想出了各种各样的推销手段。

一个机会降临在他的头上，一家新旅馆开张，李嘉诚和他的同事一起去这家旅馆推销公司的产品，李嘉诚的同事在旅馆老板处碰了一鼻子灰，不但没有推销出一件商品，反而落了个自讨没趣。

然而李嘉诚没有灰心丧气，他充分开动了自己的脑筋，对这个旅馆的老板进行了细致的观察，后来他发现老板的儿子是一个突破口，于是便下了功夫对老板的儿子做了一番功课，最终成功推销出了公司的产品。

后来，在铁桶与塑胶桶的遭遇战中，李嘉诚尝到了失败的滋味，然而他没有丧气，而是把眼光对准了塑胶业，于是他毅然投身塑胶行业。刚刚接触一个新的行业，困难无处不在，但是李嘉诚从来没有畏惧过，他不怕苦，不怕累，每天起早贪黑，终于让自己在塑胶业有了一定的成就。

可以说李嘉诚的成功与他一直不断的奋斗有着极大的联系。当然在他成功的道路上会有很多贵人相助，他也一定会有幸运的时候，但是如果没有李嘉诚拼命努力和不懈的追求，这些幸运的元素也绝不可能让他成功。我们应该看到，他的成功还是由他的勤奋决定的。

现代作家、艺术家老舍曾说过："才华是刀刃，勤奋是磨刀石，很锋利的刀刃，若日久不用磨，也会生锈，成为废物。"对于商人来说，勤奋就是做生意的磨刀石。

勤奋的人才能奔向成功，总是盼着运气降临的懒汉不会是胜利者，因为他们不会去拼搏，更不会去为了目标而努力。像守株待兔的农民一样，他们每天只是盼着运气来临，从不去主动创造机会。成功怎么会向他们招手呢？

1978年，俞敏洪参加高考英语33分，落榜。1979年，俞敏洪再次参加高考，依然落榜，英语成绩为 55 分。而那个时候的俞敏洪，最大的愿望是考上一个大专学校，这样在他毕业后能够回到农村去当老师，把自己的户口转为城市户口。连续两次考试的失利，差点让俞敏洪失去了再次拼搏的动力。正在这个时候，俞敏洪的一个同学高考考了三年终于考上了。这又燃起了俞敏洪的斗志，他心想：既然我的同学都能考上，我也应该能考上。更何况，他并不比我聪明到哪里去，我再考一年的话，说不定我也能够考上。

在第三次高考时，俞敏洪考出了 387 分的好成绩，而北大的录取分数线是 370 分。那年，在百分制的英语考试中，俞敏洪的成绩是 93 分。

运气是实力的一部分，朱元璋能够从一介布衣变成一国之君，在别人看来一定是运气。但是假如朱元璋没有一身的智慧和胆识以及过人的本领，他就不会从一次次的战争中存活下来，这绝对不是运气的庇佑，可以说他的运气是他的实力中的一部分。我们也是这样，做事情可以希望奇迹的出现，胆识绝对不能依赖运气。要相信，只有有实力，运气才会眷顾你，成功才会召唤你。

成功是怎样来的？如果把成功比作一朵花，人们只看到那朵美丽诱人的成功之花，却不知道当这朵花从嫩芽长成花蕾经历了多少奋斗的汗水，花了多少时间，才开出这样美丽的花朵。

李嘉诚是我们的榜样，更是商人的楷模。商人在经商时一定不能懒惰，因为勤能补拙。聪明的商人如果勤劳非常的话，就如虎添翼了，成功的果实很容易就会被摘到。最怕的就是商人没有积极性，总是等待着所谓的运气到来，把运气视为成功的决定因素，这样不但不能成功，反而会害了自己。

所以，运气是商人成功的重要因素，但绝对不是决定因素。商人只可利用运气，但绝对不能迷信运气。成功还是要靠勤奋的工作才能实现的，一味依赖运气做事的人，是不会有大成就的。

把时间当对手,你将占据主动权

我们常说一寸光阴一寸金,寸金难买寸光阴。可见时间是多么重要。在商场上也是这样,时间就是商人最有利的筹码。如果在竞争中,你输了,那么你输在时间;反之,你赢了,也赢在时间。

竞争是现代社会的重要符号,可以说竞争无处不在,处处有竞争,时时有竞争。我们在一次次的竞争中不断成长、提高。人的一生充满了挑战,挑战中充斥着竞争。我们总希望去打败别人,赢得胜利,为此我们会不断积蓄自己的力量。其实我们想要获得成功,一个非常重要的对手,是我们不得不打败的,那就是时间。

王安是首屈一指的华裔电脑名人,从小就懂得"机不可失,时不再来"的道理。

有一年,王安出门玩耍,经过一棵大树时,突然有一个鸟巢掉在他的头上,里面滚出来一只嗷嗷待哺的小麻雀。他决定把它带回去喂养,便把鸟连同鸟巢一起带回了家。不过就在走到家门口时,他突然想起妈妈不允许他在家里养小动物,只好轻轻地把小麻雀放在了家门口,急忙走进屋去请求妈妈让自己饲养这只小麻雀。

刚开始,妈妈并不同意他养小麻雀,不过在他的苦苦哀求下,妈妈最终破例答应了。可是,当王安兴奋地跑到门口时,却发现那只小麻雀已经不见了。王安到处找，都没有发现小麻雀的影踪。突然，他看到一只黑猫正在意犹未尽地舔着嘴巴。

看到这只黑猫，王安意识到：那只小麻雀已经被猫吃掉了。为此，他还伤心了很长时间。这件事给了他一个很大的教训：犹豫不决、优柔寡断固然可以免去一些做错事的机会，但也失去了成功的机遇。只要是自己认定的事情，就一定要第一时间动手去做，绝不能犹犹豫豫。

犹豫不前，你将会错过所有机遇，只有果敢地采取行动，才能取得成功。所以，对于有志在财富上有所得的你，不妨做一个果敢行动的人。虽然很多时候机遇与危险并存，但是当你习惯果敢行动之后，你会发现：很多事情，当别人还在犹豫时，假如你比别人果断，比别人快，你就会掌握先机，抓住机遇。

追逐财富，面对机遇的挑战，与其在犹豫观望中浪费时间和精力，不如果敢一些，想到了就去做，这样，即使是失败了也为自己积累了经验。所以，如果我们有了一些想法，看到了成就财富的机会，那么请不要犹豫，马上就去做。也许，你的内心会感到些许的恐惧，但是对于有志于成就财富的人，一定要学会克服这种犹豫心态，大胆地接受机会的挑战不要怕，才能走得远，想到就做，才能取得成功。

很多人都知道，李嘉诚决策快，开会快，雷厉风行。李嘉诚说："我开会很快，45分钟。其实是要大家做'功课'。当你提出困难时，请你提出解决方法，然后告诉我哪一个解决方法最好。"不仅如此，李嘉诚对时间的把握及运用是那么的恰到好处，他的手表总是拨快15分钟，每天早晨5：45分起床，听6点钟的早间新闻。中午一般不睡午觉的，太倦了，会喝点咖啡。此外，李嘉诚从不在网上浪费时间，在上面也就是查查最新的资讯及看看公司的有关资料。

由此可见，李嘉诚从一名学徒登上华人首富宝座，绝非靠一朝一夕或一蹴而就的运气，而是他长期奋斗，惜时如金的结果。因此说把时间当对手，如果在竞争中，你输了，那么你输在时间；反之，你赢了，也赢在时间。

时间就是生命，现代社会讲求的是效率，效率则是对时间的充分利用。现代工业之所以能够打败传统工业就是因为现代工业是流水线生产、制造，这要比传统工业要快得多。就是因为把时间当作对手，不断地去征服它，现代文明才得以突飞猛进的发展，人类社会才日新月异。可以说赢得了与时间的赛跑，你就赢得了先机，赢得了主动权。

把时间当对手的人往往会占据主动权，因为他在与时间争夺主动权的时候，他就把其他人甩在身后。如果不是争分夺秒地与时间赛跑，就不会有诺曼底登陆的豪壮，就更不会有英法联军在第二次世界大战中驰骋战场的雄姿；如果没有与时间的竞赛，就不会有竞技比赛的惊心动魄，就更不会有率先到达终点的喜悦。那些不会利用时间，不懂得把时间当对手的人们，总会让时间在指尖溜走，只剩下"我生待明日，万事成蹉跎"的感慨。

从前，村子里有一个孩子叫仲永。仲永家境贫寒，从来没有读过书。

然而5岁那年，一天他突然大哭大闹了起来，非要纸和笔，父亲感到非常奇怪，于是到邻居家借了纸和笔给他。令所有人惊讶的是，仲永见了纸笔后顿时喜笑颜开，然后一挥而就，写了一手好字！不但如此，写的内容还颇具文采。父亲觉得他是一个天才，非常骄傲。

不久后，村里村外的人都知道了方家出了一个神童，写诗题字无一不通。于是全都来一看究竟。有的人还特意花大价钱请其表演。

仲永的父亲觉得自己的儿子非常给自己争光，另外还可以赚些钱，于是便每天带着儿子四处表演。持续了一段时间后,人们对仲永逐渐失去了兴趣。

几年后,当有人再问起仲永的情况时,人们只是淡淡地答道:"基本与普通人一样了。"

仲永的例子给了我们很深刻的反思,他虽然是个天才,但是由于长久时间不学习,使得自己得不到提高,数年后也就没什么长进了。仲永输在了与时间的竞争中,他的几年大好光阴被白白浪费掉,实在是让人感到惋惜。

21世纪是个竞争日益激烈的时代,企业想要获得成功就需要各方面做到最好,时间对企业来说就是生命线,这个时代也不再是"大"吃"小"的时代,而是"快"吃"慢"的时代!只有那些具备快速反应能力的商人才能在竞争中获得认可和生存。

对企业而言,时间是一种重要的无形资本。企业能够在与时间的竞争中赢取发展的大好时机,从而促使公司形成整体竞争优势。现在企业奉行在最短的时间内以最低的成本提供最高的价值的发展模式。商人想要把自己的企业做到最强,就一定要重视时间,因为时间就是金钱,时间就是机遇。只有赢得了时间,才能赢得市场,才能赢得美好的未来。

把时间当对手,可以给商人先人一步的机会,进而创造出更利于自己的局势。把时间当对手,商人可以让自己更好地赢得先机,从而在众多商人中脱颖而出,赢得未来。

第 7 堂课

经营理念：
赚的不仅是利，更是人格魅力

李嘉诚最被人们熟知的身份是企业家、慈善家。
在商业领域，他被授予无数的头衔。
自从 1999 年起，
他就被福布斯评为全球亚洲首富，
并蝉联 15 年，无人能撼动其地位。
成功从来没有偶然，作为一名商人，
李嘉诚的经商原则证明了他的成功是必然的。

达则兼济天下

富不忘本是经常挂在商人嘴边的话,但这不是一句轻易可以许诺的言语,不是一种轻易做出的姿态。富不忘本是一种精神,是一种发达不忘当年志向的精神。李嘉诚作为优秀商人的代表,相信很多人都会问他:如何做一个成功的商人?这个问题太重要了,因为几乎每个人都渴望着成功,尤其是像李嘉诚那样的成功。然而李嘉诚面对这个询问却说了一句话:"很多传媒问我,如何做一个成功的商人?其实,我很害怕被人这样定位。我首先是一个人,再是一个商人。"这就是一个成功者最想说的话。

商业上的成功往往是让人羡慕的,但只有内心富贵的人才能让人发自心底地敬佩。李嘉诚每年都坚持捐资办学,帮助贫困的人,用自己的财富回馈社会,并非是一个假意做榜样的行径,而是他心中真正的呼声。

20世纪80年代,拥有雄厚财力的李嘉诚成立了慈善基金会,命名为"李嘉诚基金会"。到了2010年,这个基金会已经捐出及承诺款项达到113亿港元。李嘉诚有过少年失学之痛,因此重视教育投资。他的父亲因病去世、自己也曾与肺结核奋战多年则使得他关注起了医疗。为此,李嘉诚说:"我对教育和医疗的支持,将超越生命的极限。"

1981年,李嘉诚资助成立了广东潮汕地区第一所大学——汕头大学。为了办好这个学校,李嘉诚不惜重金从加拿大、香港地区延请名师担任各学院院长。其中的医学院是中国最优秀的医学院之一。不仅如此，李嘉诚还广邀名人授课，即便是在李嘉诚的公司面临困难的时候，他也没有停止对汕头大学的资助。

在汕头大学之外，香港大学、清华大学的FIT未来互联网络研究中心和长江学者奖励计划，亦有李嘉诚基金会巨资捐助的轨迹。这远远没有结束，在2006年，李嘉诚宣布捐出1/3财产给基金会后，他跟家人说："我一生可以成立这样规模的基金会，心里绝对不会惋惜。捐出来，是高高兴兴捐出来，去做，也是高高兴兴去做，一点都不会后悔。"

由此可见，在李嘉诚的眼里，慈善并非是一件可做可不做的事情，而是一件必须真正付出时间去做的事情。慈善也是一个商人需要担当的责任。

其实，在全世界的商界，都有这么一个共识，提供帮助是"富人的责任"，获得帮助是"穷人的权利"。

犹太人洛克菲勒成为当时世界首富的时候，别人劝他把这些钱留给他的孩子们，洛克菲勒回答："这些钱是从大众那里来的，因此也应该回到大众那里去，到它们应该发挥作用的地方去。"

洛克菲勒成立了以自己名字命名的洛克菲勒基金会，他帮助成千上万的食不果腹的孩子，让他们可以吃上饭，让他们上学接受教育，让他们成为对社会有用的人。他主要投资在医疗教育和公共卫生上面。他的基金会先后投资达数亿美元，是世界上最大的慈善机构。

如果说创造财富是一种竞争的体验，那么奉献财富便是另一种的享乐。在大富之后，商人往往会面临这样的选择：是为富不仁，还是回报社会？作为华人首富的李嘉诚对此有明确的回答：奉献乃人生一大乐事。

中国儒家有一句这样的话："达则兼济天下。"在外人看来，李嘉诚最引以为傲的事情应该是白手缔造长江实业或者入主"和黄",事实上,真正令他高兴和钟情的事情却是汕头大学医学院附属第一医院,以及附属二院,还有汕大精神卫生中心的肿瘤医院。

在李嘉诚决定捐建汕大医学院之初,曾有朋友劝告他说,办医学院很贵,好像一个大海洋一样,比一般的大学可能贵10倍。

但李嘉诚依然没有动摇,这种强烈的情感,一是基于他对"体之健康,益于社会"的深刻认识,二是他痛感昔年父亲因贫穷和医治不及而过早辞世的切身之痛。他早已在青年时期就立志:当自己发达之日,一定要实现发展医疗事业、造福社会的夙愿。

有些商人的气度是学不来的,因为他没有那么宽广的胸襟。一个眼睛只盯着钱袋的人是不会看到需要帮助的人。只有大气度的人才能看得到芸芸众生的苦处,才会有尽力去帮助别人的意愿。

人们在谈论金钱的时候,往往会说,钱嘛,生不带来,死不带去,攒那么多做什么?可是一旦自己拥有了财富,又有多少人舍得去践行自己的言语呢?赚的钱来自社会,然后毫不保留地回报给社会,这是一种大商人的气度。做一次慈善不难,难的是把慈善当作自己的事业来做。一个商人最大的荣耀不是自己赚了多少钱,而是把自己赚来的钱用到了哪里。

◆ 走自己的正途 ◆

　　同样是经商，是有高下之分的，有的人责任心很淡，做企业就是为了赚取钞票，在他们的心中，除了钱还是钱，我们把这样的人称之为资本家。有的人以社会责任最重，把自己的事业融入国家和人民的利益之中，这样的人，我们称之为企业家。

　　如果我们回顾李嘉诚走过的历程，我们可以发现，他是一个把现代商业文化和传统文化有机结合的典型代表。在李嘉诚经商的过程中，逐利永远不是最主要的目的，在李嘉诚的心目中，走正途，完成自己应有的使命绝对是最重要的。

　　李嘉诚从1958年开始涉足房地产行业，他始终认为地产业是他事业的正途。在香港地区股市的暴利时期，他丝毫不为炒股的高额利润所动，坚持自己的发展思路。那时的房地产商人，往往将用户缴纳的楼花首期（款）物业抵押获得的银行贷款，全额投放到股市，大炒股票，以求牟取比房地产更优厚的利润，这种做法加大了房产开发的风险，后来爆发了香港著名的"银行挤兑风波"，终使那些铤而走险的商人遭到了经济规律的惩罚。

　　除此之外，李嘉诚在开发房地产的时候也是有原则的，他十分注重自己的商业形象。在1977年的时候。李嘉诚花大价钱购买了15万平方英尺的大坑虎豹别墅的部分地皮。他购得地皮后，在上面兴建了一座大厦。万万没想到，李嘉诚在征求游客意见时，游客居然对大厦持否定态度，批评大厦与整个别墅风格不统一。在经过了仔细的权衡之后，李嘉诚决定停止改造，保留别墅花园的原来面貌。虽然大厦的建成超出了预算，但为李嘉诚赢得了社会舆论的好评，认为李嘉诚是一位具有社会责任感和使命感的企业家。

一个企业家拼搏的动力不是金钱的刺激，而应该是身上肩负的企业家的社会责任感。一个得不到社会认同的商人，是难以将事业做大，做长久的。

一个商人，在经商的过程中，肯定都会问自己一个问题："我为什么要做生意？"一个把商业追求和社会责任结合起来的人才会真正懂得经商的意义，才能把自己的事业上升到新的高度。

2005年6月10日，三一重工股权分置改革方案以高票获得通过，并由此成为中国股权分置改革第一股，永久地被载入了中国资本市场发展的史册。

这次的成功，是梁稳根创办的三一集团文化精髓的重要体现，他们用自己的实际行动说出了三一创业者们心中最朴实的话语——"心存感激，产业报国"。

到了2005年5月24日，三一重工股权分置改革方案提高了兑价——每10股赠送3.5股并补偿8元。面对众人的不解和疑惑，梁稳根表示："国家之责大于企业之利。相对于推动整个资本市场改革的进步而言，企业自身利益的得失微不足道。"

最终，三一重工成功破解了中国股市的"头号难题"。梁稳根也以自己强烈的历史和社会责任感赢得了2005年经济年度人物奖。他获得的评语是：他花了19年时间，把创业梦想耕耘成中国经济改革的试验田，2005年，他第一家推出股权分置改革方案，他以产业报国的成功向我们印证——穷则变，变则通。

无论是李嘉诚还是梁稳根，都从自身体现出了一个真正的企业家精神。一个真正的企业家，除了创新、冒险、合作、诚信等，最重要的就是对于社会的责任感和使命感。如果缺乏了这一点，那这个人充其量是一个赚钱的机器，或许是一个很好的赚钱机器——他们的一举一动都是受着利润的支配。但一个对社会负有使命感的企业家，他一定会有自己的理想——一个有益于企业长远和社会发展的理想。出发点不同，将来能够达到的高度自然也很容易区分。

企业家的责任和使命说简单也很简单，那就是创造社会财富，推动社会进步。商人比一般人占有了更多的社会资源，如果不去好好地利用这些资源，不仅是浪费，简直就是犯罪。一个优秀的企业家必须要创造出好的产品和服务，提高人们的生活水平。

细微之处守信用

做生意到一定阶段，就必须要上升到一个境界，尤其合伙生意，一般都是风险共担、利益均沾的商业伙伴关系，这就需要具有高度的协作精神以及良好的商业信用。李嘉诚做的是大生意，必然有一种根本的经营理念，那就是"信用"。

任何人在刚进入商场的时候，都不会无缘无故地立即得到别人的信任。一些商人对于获取别人的信任的事漫不经心、不以为然，很少在这方面花费心血和精力。这种人是注定得不到长久发展的。一个人要想提高自己的信用，并非心里想着就能实现，需要实际的行动，才能使他有所成就。简而言之，要想获得人们的信任，除了人格方面的基础之外，更需要实际的行动。

对于诚信，有些人习惯信口开河，不见行动。没有坚持实际行动的诚信，事实上就是一种夸夸其谈。所以说，讲诚信不要做表面文章，要有实际的行动，用事实说话。熟知李嘉诚的人经常提及他与一个乞丐的故事。

在李嘉诚已经十分富有的20世纪50年代，他经常看见一个四五十岁的外省妇人，虽然是乞丐，但她却从不伸手要钱。有一天，李嘉诚看到没人理会她，就与这位妇人攀谈了起来，问她会不会卖报纸。她说她有同乡干这行。于是，李嘉诚便让她带同乡一起来见他，想帮她做这份小生意。时间约在后天的同一地点。但一个客户偏偏在前一天提出要到李嘉诚的工厂参观。

于是在交谈的过程中，李嘉诚突然匆匆跑开了，客人以为李嘉诚是去了洗手间，其实是跑出了工厂，一路超车和危险都不顾了。最终，李嘉诚没有失约。他见到那妇人和卖报纸的同乡，问了一些问题后，就把钱交给了她。她问李嘉诚姓名，李嘉诚没有说，只要她答应自己要勤奋工作，不要再让他看见她在香港任何一处伸手向人要钱。事毕，他又飞车回到工厂，客户正着急："为什么在洗手间找不到你？"李嘉诚笑一笑，这件事就这么过去了。

此事虽小，但细微之处可见李嘉诚的品质，讲诚信从来不是在嘴上说说那么简单……诚信是美德，更需要一个人用踏踏实实的行动来证明。当承诺变成了随口可说的玩笑，那承诺也就失去了意义，个人也丧失了与他人继续交往的机会。

一次信用的消失，意味着一个人所有信誉的抛弃。无论什么时候，都不要透支自己的信用。因为信誉一旦没有，想要修复的话，代价是异常昂贵的。

行动的力量是惊人的,一个实实在在的举动带给人的震撼是无法用语言来形容的。要么就不要许诺,一旦许诺之后便要言行一致。

在商业世界里,有些"精明"的企业做生意时,往往隐瞒己方货物的不足以次充好,甚至会采取一些欺诈的手段以假充真,从而使他人受损而自己获利。这些看似"精明"的做法其实很愚蠢,他们对于经商之道理解得很肤浅,他们虽然得到一时之利,却失去了长久之利,因为他们忽略了一个非常重要的资产——信用。他们把自己对消费者的承诺当成了一纸空文,而要再次得到消费者的认可,那将很可能是痴人说梦。

◆ 保卫你的诺言 ◆

千金一诺,不应仅仅存在于典籍中,更应该是我们生活的常态。一位成功的商人说:"我答应的事,明明吃亏也要去做。人家说我答应的事,比签合约还有用。"能说出这样话的人,是需要有足够自信的。而李嘉诚就拥有这种自信,他认为,如果要取得别人的信任,你就必须做到重承诺,在做出每一个承诺之前,必须经过详细的审查和考虑。一经承诺之后,便要负责到底,即使中途有困难,也要坚守诺言。很多与李嘉诚有过合作的人都这样说:"他讲过的话,就算对自己不利,他还是按诺言照做,这一点是他的优点。答应人家的事,明明知道吃亏可还是照做。"李嘉诚为人之道如此,其成功之路也受此影响。

一个人的承诺往往体现出了一个企业的价值观,也彰显了一个地方的文化气质。有时,一句承诺往往改变的不是一个人的命运,而是一群人。

在一个人迹罕至的旅游区,游人很少。有一天,几位外地来的摄影师在休息的时候,请当地的一个孩子去买啤酒。由于地处偏远,附近没有卖啤酒的,小孩子跑了四个小时才买到了啤酒。第二天,摄影师又给了孩子很多钱,让他去买更多的啤酒。没有想到的是,摄影师一直等到了夕阳西下的时候,那个孩子还没有回来。沉不住气的摄影师开始起了疑心,觉得小男孩一定是把钱给骗走了。然而,就在这天的夜里,小男孩拎着啤酒回来了,还有一些啤酒瓶的碎片。原来,小男孩在他前一天买酒的地方只买到了一部分啤酒。为了信守承诺,小孩子翻了一座山,趟过了一条河才买到剩下的啤酒。但是由于自己的疲劳和夜间山路崎岖,返回的时候摔坏了几瓶。当这群摄影师看到浑身脏兮兮的小男孩举着啤酒连同找回的零钱,在场的人异常地感动。从此以后,这个地方的游人也日渐增多,因为小男孩买啤酒的事迹已经成为当地人的名片。

一声承诺,有人看似鸿毛,只是说说而已,有人看似泰山,必然践行。许下一个承诺很容易,但要想履行自己的承诺往往并不是那么容易的。

1993年,香港地区受到经济危机的影响,李嘉诚长江实业集团的生意也受到了牵连,1992年该公司净利下跌5.256亿元,比1991年下跌62%,1993年,该公司净利继续下跌4亿多元。社会上纷纷传闻:"李嘉诚不准备办汕大了!"

为了消除汕头大学校方的疑虑,他立刻写信给汕大筹委会主任吴南生:"鉴于汕大创办的成功与否,较之生意上以及其他一切得失,更为重要。"同时强调，"我在事业上，一切都可以失败，但汕头大学一定要办下去！"

汕头大学创办至今，李嘉诚已经为了自己的承诺捐资达到了接近20亿港元。捐出这笔巨资，他属下的长江及和黄集团要达到1100亿元的营业额，才可能有20亿元的税后股息。有人称，这不是一诺千金，而是一诺亿金。

谈到做生意的秘诀，李嘉诚最看重的就是一个"信"字。其实，李嘉诚对事业上的"信"与他对人的"诚"是分不开的，诚信相合，即为"义"。

无论是在生活中还工作中，一个人的信用越好，就越能够成功地打开局面，处理好各种关系。在经商的过程中，更要重视自己所说出的每一句话，把自己许下的诺言变成现实，让周围的人真正地开始去信任你。

保卫你的诺言就像保卫你的财富一样重要，一旦诺言成为信口开河，你将一无所有。对于商人来讲，既然做出了承诺，就应该想方设法去完成，没有任何可以推脱的理由和借口。在生意场上，最能打动消费者与合作伙伴的永远是商家言而有信的态度。

产品质量绝不出问题

在商场竞争中,你可以没有钱,可以没有人脉,但你不能没有了信誉,信誉是企业生存发展的最后底线。正如李嘉诚所说:"我们长江要生存,就得要竞争;要竞争,就必须有好的质量。只有保证质量,才能保证信誉,才能保证长江的发展壮大。"

人无信不立,做生意必须维持好自己的信誉和品格。很多与李嘉诚有过合作的伙伴都认为李嘉诚是一个信誉良好的人,殊不知,这样的名声和信誉也是李嘉诚用惨痛的经历换取的。

在创业的初期,由于急于求成,李嘉诚的塑胶厂盲目接受了很多的订单。这样追求数量的结果就是忽略了产品的质量,自己工厂和本人的名声都受到了严重的打击。在这种情况下,首先是一家客户以塑胶产品质量低劣要求退货,随之而来的是其他的客户的类似要求。一时间,仓库里堆满因质量欠佳和延误交货日期而退回的玩具成品。索赔的客户纷至沓来,还有一些新客户上门考察生产规模和产品质量,见这情形扭头就走。

此时的李嘉诚开始明白,自己正在失去以前给客户的承诺,自己的冒进毁掉了自己的名声。产品继续积压,形势不断恶化。对于任何一个企业家来讲,客户都是自己的衣食父母,丢了客户就等于砸了自己的饭碗,李嘉诚急得像热锅上的蚂蚁。正在这个时候，原料商仍然要求按照合同催缴货款，并威胁如果不按时还款就要停止供应原料，并要到同行业中传播李嘉诚赖货款的丑闻。这一招很可能彻底葬送长江塑胶厂的前途。

屋漏偏逢连夜雨，倒霉的事情一件接着一件，银行在得知李嘉诚的塑胶厂陷入危机后，立即派来职员催促还贷。焦头烂额、苦不堪言的李嘉诚只好强颜欢笑，恳请银行放宽还款期限。一时间，长江塑胶厂处于被清盘的边缘。

在一番痛苦的思索之后，李嘉诚深切感受到了自己的错误，只顾数量而忽略质量的做法无疑是一种"绝路"的选择。为此，他决心坦然面对现实，用自己的行为来维护自己的名声。

第二天刚回到自己的工厂，李嘉诚就召开了大会，面对愁云密布的员工，李嘉诚坦诚地承认了自己的经营错误，承认是自己的失误拖垮了工厂，损害了工厂的信誉，还连累了员工。

他真诚地向员工道歉，并且保证一旦经营情况有了好转，那些被迫辞退的员工都可以回来上班。他还表示，从今以后，保证与员工同舟共济，绝不再以损害员工的利益来保全自己，并希望大家原谅自己，齐心协力共渡难关。

在员工的情绪得到稳定之后，李嘉诚便开始一一拜访银行、原料商、客户，向他们认错道歉，并保证在放宽的限期内一定偿还欠款，对该赔偿的罚款，一分一厘都不会少付。

在这一过程中，李嘉诚还坦率地告诉了他们长江塑胶厂面临的空前危机，并真诚地向他们请教拯救危机的对策。

李嘉诚这一"负荆请罪"的行为收到了预期的效果，但李嘉诚也明白，这只是好转的开始。他丝毫不敢大意，因为银行、原料商和客户只给了他极其有限的回旋余地，事态仍很严峻。

李嘉诚立即开始了清理仓库的工作，将所有积压的产品分为两类：一类是有机会作正品推销出去的，另一类是质量低劣或款式过时的。李嘉诚又如最初的行街仔那样，走街串巷卖出了一部分正品，同时将那些次品在质检卡片上一律盖上"次品"的标记，全部以低廉的价格卖给专营残次品的批发商。

　　在几番努力之后，李嘉诚有了一定的流动资金，偿还了紧急的债务，同时加紧了对工人的培训，购置新式设备，产品的质量得到了很大程度的提升。那些被裁掉的员工也回来上班了，李嘉诚兑现了自己的承诺，从有限的资金中补发了他们离厂的工资。

　　最终，李嘉诚度过了自己创业期间最困难的一次危机，经过这次事件，李嘉诚坚定地认为：自己的名声是一笔宝贵的财富，要时刻记得去维护自己的名声。

　　在以后的经商生涯中，李嘉诚常常会用创业初期的事情来警醒自己。拥有口碑后才能拥有丰碑，一个人的名声好坏影响的不仅仅是一笔两笔的生意，而是你整个的经商生涯。商人以诚为本，这是进入到商界人们最常说的一句话。但在利益的诱惑下，在私欲膨胀的情况下，还有多少人坚持保留自己良好的名声？能保留下来的，都是成大事者。

对人诚恳，做事负责

有时候，最简单的道理其实最富有哲理，比如：对人诚恳，做事负责。这样的言语虽然很直白，但却蕴含着真正的智慧。生活纷繁复杂，但说穿了，其实也就两件事：对人和对事。李嘉诚告诉我们，对人诚恳，做事负责，多结善缘，自然多得人的帮助。淡泊明志，随遇而安，不作非分之想，心境安泰，必少许多失意之苦。

对人诚恳，意味着你会拥有一个良好的人际关系。在生意场上，生意间的往来就是人与人之间的沟通，对人诚恳，意味着你能够得到别人的信任；对人诚恳，也意味着你对事情的态度。在生意困难的时候，诚恳的态度是你的优质资本；在你辉煌的时候，诚恳的态度是他人从心底敬佩你的重要砝码。

在李嘉诚的事业发展历程中，他经历过起起伏伏、由小壮大的艰难过程。无论是在创业初期，还是处于发展的巅峰，李嘉诚都有着一个不变的信念，那就是诚恳待人。

在一次创业者的论坛上，有人问李嘉诚什么是一个成功领导者所拥有的素质。李嘉诚总结出这样的一段话：一位领导者要怀着宽容的心、公平的态度去对待同事、股东、下属以及任何人，没有容人之量，凡事以敌意揣测别人，以自我利益为中心判断事物一定会失去机会，并且会使人生不快乐。要敞开胸怀、善意诚意待人，懂得舍、懂得不争就会争取到成就。而且，领导一定要有责任感，当困难出现，危机出现，要勇于担当，分配利益的时候要善于让，出现失败的时候要承担责任，这才是做人，做领导更应如此。

说这么多，其实总结起来就是"待人诚恳"这四个字。做事不投机，敢于担当责任，这才是一个商业领袖所具备的最基本也是最重要的因素。

负责任是商人应有的品格，但在利益至上的时代，有些人为了躲避风险，遇事选择逃避，而有些人却迎难而上，毅然扛起自己肩上的责任。这是我们所敬佩的商人，也是商人中的楷模和骄傲。

做事要么不做，要做就要负责到底。这是对待事情的基本态度，也是最能考验人的时刻。细微之处见真知，商人对待事情的态度从深层次也反映出了他的品行。一个对事负责的人是值得别人去交往的，尤其是在生意上，对生意负责表明重视程度和渴望程度。

商业竞争固然是残酷而激烈的，可很多时候也需要表现出一种真挚的温情。你可能会欣赏一个商业上的朋友，并且真心帮助他去做成一件事情，这只是一种诚恳待人的方式，与利益无关。

"人情"这东西不仅给你财富，还使你拥有被人喜爱的充实感、快乐感。记住，"奸商"只能造就一时的得意，却不能让你品味美好人生。

德不孤，必有邻

《论语·里仁》篇说："德不孤，必有邻。"翻译成现代的语言就是，有道德的人是不会孤独无助的，必有志同道合之人和他亲近，就像有了芳邻一样。

很多人都会觉得，商人成功的标尺就是挣很多的钱。财富是让别人敬佩的资本，为了达到目的不惜一切。在很多人眼里，无商不奸是早已定义好的，李嘉诚也曾戏言自己不是一个做商人的材料，因为自己不会骗人。可正是这种品行，成就了李嘉诚的一生，让他吸引了更多的生意伙伴，自己的生意也就越做越大。很多人愿意到李嘉诚的公司里去上班，不仅仅是因为高薪，更重要的是李嘉诚个人散发出的独特人格魅力。

在很多成功商人的眼中，人品是绝对无法忽视的重要因素。在商圈之中，如果你拥有了别人不具备的人品魅力，那你就能很自然地树立起独特的竞争优势。一个不依靠金钱，真正用自身去感召下属和周围人的商人，才能真正称为商业家。

对于商人来讲，财富是有形资产，而个人品牌是无形资产。一个成功的商人要想把自己的事业做大做强，必须要懂得经营和挖掘自己的无形资产。

1973年秋，石油危机爆发了，这次危机也波及了香港地区。众所周知，塑料的原料是石油。这对于严重依赖进口的香港而言，这次危机几乎是致命性的。那个时候的香港，在进口的价格上完全由进口商垄断着，本地商人没有发言权。在石油危机爆发后，一些进口商为了获取更大的利益，把塑料原料的价格不断抬高。塑料原料的价格也由原来的每磅0.65港元飙升到每磅5港元。

当时，李嘉诚主要的事业已经由塑胶制品转移到了房地产上，这次塑料原料价格的上涨对他而言是没有多少损失的。尽管如此，作为香港潮联塑料制造业商会主席的李嘉诚还是觉得应该抢救这一行业。在他的倡议之下，数百家塑料厂联合成立一个大的塑料原材料公司，这样一来就可以不受单个塑料厂家的购货量太小而不能从国外直接进口的限制。通过这种方式，塑胶企业便可以跳过进口商。在进口原料之后，按照市价分配给各大股东厂家，这样就解决了进口商垄断的局面。除此之外，李嘉诚不仅将长江实业1243万磅的库存原料以低于市价一半的价格出售给各个塑料厂家，还将把原本属于长江实业20万磅的配额原料以原价优先转让给对原料需求量大的厂家。

李嘉诚的举动不仅帮助了数百个厂家，对整个香港塑料界的贡献也是举足轻重的。这种看似出力不讨好的行为也为李嘉诚带来了声望财富，而这种财富为他事业的发展奠定了重要基础。

无论是在经商中还是生活中，人品的高低往往也渗透在自己的企业之中。让我们敬佩的往往不是有钱的人，而是人品高尚的人。一个商人，在腰缠万贯的时候可能无法看到周围人对你的真实态度，可能慑于财富和权力，显得十分恭敬；一旦落魄之时，如果拥有高尚的人品，无论处于什么状况，你身边都会有诚心追随的人。

不可否认，做生意无外乎是挣钱。但钱多钱少往往不是衡量一个人是否成功的终极标准。一些商人眼里只有金钱，我们经常会对他们的种种行为嗤之以鼻。相反，我们对于一些有德行、有高尚人品的人往往却尊敬有加。无论是古代还是现代，我们津津乐道的往往是那些为富也仁的财富巨子。

人们的生活离不开金钱，但也绝不能唯钱是从。一个有追求的人，往往会考虑到金钱之外的事情，提升自己的内涵。良好的人品养成，不是依赖一时一事，它是日常生活的积累，是一个人不经意间的播种。在谈生意的过程中，一个人能够表现出谦逊、正直、善良等品格就会让人感到舒服，生意间的往来也能够顺利进行。

人品的力量不仅体现在商人之间的往来上，也体现在商人对下属的态度上。很多人简单地把自己的下属看作打工者，自己是付工资的。对于人才，一些商人就简单地认为：出高薪挖来就是了。其实，对于真正的人才，金钱的诱惑力已经不是很大，让下属能够工作开心，能有机会体现自己的价值才是最重要的。在很多优秀的企业中，一些工人和管理人才是终身服务于一家公司的，这其中一个重要原因就是企业领导者的人格魅力。

有的生意可以做，有的绝不能做

君子爱财，取之有道。追逐财富是无可厚非的，毕竟逐利是人的本性。但一个人获得钱财的方式不同，这不仅体现出个人的品格高低，也决定了事业的成败。

作为企业的经营者，可以有利可图，但绝不能唯利是图。李嘉诚就是这样一个有自己做事原则的人。他这样评说自己的生意选择："我对自己有一个约束，并非所有赚钱的生意都做。有些生意，给多少钱让我赚，我都不赚……有些生意，已经知道是对人有害的，就算社会容许做，我都不做。"

李嘉诚在巴拿马投资的时候，涉及了当地的码头、飞机场、旅馆等产业，成为了当地最大的海外投资商。巴拿马政府为了感谢李嘉诚为本地做出的贡献，颁给了李嘉诚赌场的牌照。这是一个送上门来而且可以赚大钱的项目。李嘉诚面对别人挤破脑袋都抢不到的机会，表现出了一个商人的品格。他婉言谢绝了政府的好意。李嘉诚说："旅馆的客人要去哪儿我不管，但在我的旅馆里绝对不开赌场。这是我的原则，原则必须坚持。"在公司会议上，李嘉诚让人记下这么一句话：公司经营要"有所为，有所不为"。

在一个商业社会里，钱当然是赚得越多越好，但李嘉诚有自己的商业底线，即使有好的前景，也在法律的允许范围之内，只要李嘉诚心里存在疑问，那么他选择的肯定是牺牲利益而成全心中的道德准则。

1997年亚洲金融风暴中，香港地区的房地产和股市都出现大跌的情况，整个香港人心惶惶。国际对冲基金和较大的炒家多次利用股市的崩溃获得了暴利。此时也有人建议李嘉诚：抛售股票，加速香港股市的崩溃，从中能够获取数十亿的利益。面对这种提议，李嘉诚断然拒绝了。李嘉诚认为，此举对香港损害极大。他说："这些钱我是绝对不会赚的。"李嘉诚强调："我决不同意为了成功而不择手段，刻薄成家，理无久享。"

香港作为一个自由港，通过投机取巧、巧取豪夺而致富的人不在少数，而李嘉诚曾经在一个场合严肃地说道："我的金钱，我赚的每一毛钱都可以公开，就是说，不是不明不白赚来的钱。"

对于李嘉诚而言，不择手段的成功就像一个"烫手山芋"，可能是很香甜的，但也可能会烫着自己的手，给自己的人生留下不光彩的印记。

在很多人的眼中，做生意嘛，只要能够赚钱，目的是最重要的，只要能够达到目的，手段是不重要的。这种观念看似是无可辩驳的，但却隐藏着很深的危机。

天下熙熙，皆为利来，天下攘攘，皆为利往。尤其是在现在的市场经济条件下，没有钱财将寸步难行。有人为了挣钱出卖自己的尊严，有人为了挣钱钻法律和市场的空子。但一些人则坚持着自己的底线，那就是不赚黑心钱。

众所周知，神舟笔记本一直是以低价来占据着广大的市场，因为在神舟的内部，一直有一个梦想，那就是让赚取暴利的同行在世界消失。很多消费者能够明显地感觉到：一旦市场上的内存或者CPU降价了，神舟笔记本很快就会降价了。在神舟的渠道商中，赚的也不是暴利，而是靠量取胜。这是一种聪明的营销方式，因为在激烈的竞争中，只有老老实实做企业，把经营的环节透明才能赢得消费者的信赖。

很多人现在仍然清楚地记得曾经的中国食品工业百强企业，河北重点扶持企业——石家庄三鹿集团。曾经的三鹿集团，是中国众多母亲的选择，也是中国乳品行业的领军人物。但一个陌生的化学名词——三聚氰胺——毁掉了这个曾经无比辉煌的企业。在2009年底，法院宣布三鹿集团破产。这一切发生的是这么突然，有点让人始料未及。但细细想来，这又是一种必然。

赚钱是可以的，但违背最基本的商业道德注定是无法长久的，要想人不知，除非己莫为。在时间的淘洗中，是黑还是白会呈现得异常明显。

与此相反的是百年老店同仁堂，在近三百年的时间里，历代同仁堂都恪守着"炮制虽繁必不敢省人工，品味虽贵必不敢减物力"的传统古训，树立

"修合无人见，存心有天知"的自律意识。

从创业之初，同仁堂为了保证药品质量，坚持严把选料这一关，这种坚持一直到现在也丝毫没有放弃。例如，制作乌鸡白凤丸的纯种乌鸡由北京市药材公司在无污染的北京郊区专门饲养，饲料、饮水都严格把关，一旦发现乌鸡的羽毛骨肉稍有变种蜕化即予以淘汰。这种精心喂养的纯种乌鸡质地纯正、气味醇鲜，其所含多种氨基酸的质量始终如一，保证了乌鸡白凤丸的质量标准。

所以，现在的人们提到中药，首先想到的第一品牌就是同仁堂。这种口碑的形成不是一天两天的时间，而是年复一年的坚守。

在金钱的诱惑下，有人坚守不住自己的底线，有人违背自己的良心沦为金钱的阶下囚。但也有人一直清清白白，干干净净。李嘉诚就是这样人物的典型代表。从踏进商界的那一刻起，李嘉诚就给自己定下了一条规矩，那就是不赚黑心钱。无论是创业之初还是大富大贵之后，李嘉诚一直奉行着这一行为准则。很多次，周围的人都觉得李嘉诚有些傻，明明有一些项目能够很轻易地赚钱，但李嘉诚认为都不符合自己赚钱的方式就给拒绝了。

由此可见，真正商人做事的准则从来就不是依靠金钱，而是心中的准则。尤其是对于一个立志做大事的商人而言，自身的清白往往是必备的条件。

站在对方的立场考虑问题

天下没有所谓难做的生意。许多商人感叹生意不好做，是因为他们只追求自己的利益最大化，他们心里想到的只有自己的利益，从不站在对方的立场考虑问题。这些商人在与别人做生意时，总是会想方设法让自己赚取得更多，千方百计地获得更高的利润。

其实这种经商之道是错误的。商人彼此间的利益其实是相辅相成的，做生意的时候，应该先考虑对方的利益诉求，然后再考虑自己的利益，这样一来，就更加容易找到双方利益的契合点，进而达成交易，与客户获得双赢。李嘉诚也赞同此理："很多人都在问我经商的奥妙是什么，奥妙实在谈不上，我首先得顾及对方的利益，不可为自己斤斤计较。对方无利，自己也就无利。要舍得让利使对方得利，这样，最终会为自己带来其他的利益。"

经商求利，但不能只为利而采取令人不齿的手段。小商人总会在各方面挖利润，但大商人则是舍小利，求大利。这不是简单的互换原则，而是对获利之道的聪明之举。

生意场上的大多数商人都是以追求利益为终极目标的。他们从来没有替别人考虑，心中所想总是自己所得的能有多少。其实，换一种思路，商人如果能够顾及对方的利益，坚守诚信的话，这样就更加容易得到对方的信赖，从而赢得更多、更大的商业机会。在这一点上李嘉诚有很独到的见解,他认为,如果一项生意只有自己赚,而对方一点不赚,这样的生意绝对不能干。

有一个叫作岛村方雄的日本人,他十分想赚钱,但苦于没有资金,无法开展。后来,经过多方艰苦努力,他从银行贷了一点儿原始资本,然后选择了本钱很少的麻绳生意。他一开始就与众不同,在麻绳原产地大量采购麻绳后,并不加价,而是以原价售出。这样加上人力、运费,他实际吃大亏了。可是,整整一年的工夫下来,他的"投资"换来了回报——"岛村的绳索确实便宜"的名声被大家所传诵,一时间四面八方的订单像雪片般飞来。

岛村心里乐开了花,但他不动声色,开始实施他的第二步计划。他找到客户,说原先是不赚一分钱卖给他们的,如果长此以往,他就无法生存。他的诚意感动了客户,心甘情愿地把价格上升到 5 角 5 分,这仍然比别的麻绳商家便宜,销量仍在上升。然后,他又用诚意感动了供货商,将价格降到了 4 角 5 分,如此一来,岛村每条麻绳就能赚到 1 角钱。岛村的生意越做越大,几年后,他从一个穷光蛋变成日本的"麻绳大王"。

这里让一分,那里就能收获一分,这是很大的智慧。下棋的时候,如果能舍弃一颗棋子盘活整盘棋的话,就应该毫不犹豫地走这一步。不要舍不得这颗棋子,失去它是为了获得更好的局面,死守一颗棋子而不顾整盘棋的死活是不明智的,该舍弃时一定不能犹豫。人生亦如下棋,失去是为了更好地获得。

明朝末年,朝纲不振,政治腐败,官员们欺行霸市,只许州官放火不许百姓点灯,政府不断增加赋税,农民不堪困苦到处流亡。加之陕北地区连年灾荒,人民生活更是陷入了绝境。

在这种情况下陕北爆发了农民大起义。

李自成也参加了起义军,李自成作战勇敢,谋略过人,在起义军中声望很高,因此高迎祥牺牲后,众将推他为首领。他带领起义军不断取得胜利,不久就攻占了西安,李自成在西安建立了大顺政权。接着,他又率大军攻入了北京,逼得明朝崇祯皇帝自杀,彻底推翻了明王朝。

然而,李自成占领北京之后,胜利的喜悦冲昏了他的头脑,滋长了他的骄傲情绪,他不思进取,终日寻欢作乐。只是守着这座皇帝所有的城市,不想进军全国。

不久,被打败的军队重整军力,反攻李自成,李自成疏于准备,军队也没有斗志,最终被打败。

李自成的结局是如此的悲惨,究其原因就是他不思进取,舍不得离开北京城这座温柔乡,而正是这份舍不得,让李自成失去了斗志,失去了全局。

人的一生中,经常会遇到要为顾全大局而牺牲的情况,这决定了我们必须要不断地权衡轻重得失,以此来让我们得到更多。人生会有很多的取舍,聪明的人会懂得这里让一分,放弃一些,因为放弃了可以收获更多。有的人死守着自己的那一点利益不肯放手,因为不肯放手,使得自己无法抓住更多。

20世纪60年代,企业家重光武雄创办了"东天"口香糖厂。当时厂子很不景气,只有6名工人。

想要增加这个公司的知名度就需要打广告,但是企业的资金很紧张,是请一位大牌明星还是一般明星做广告呢?

经过慎重的考虑,重光武雄决定请大牌明星进行宣传,因为他看到了明星代言的巨大优势,在重光武雄看来,只有舍弃一些利益才会换取更好的回报。

重光武雄最终瞄准了法国影星阿兰·德龙这位国际明星,他在世界上拥有数以亿计的影迷，这样一来公司的产品将得到非常有益的宣传。打定主意，重光武雄立即付诸实施。为了得到阿兰·德龙的加盟，重光武雄通过各种关系多次登门拜访，并且提出了许多优厚条件。

经过不懈的努力，阿兰·德龙终于被对方打动，于是同意到"东天"口香糖厂参观。参观那天，重光武雄不惜花大价钱派出了最为豪华的车队迎接。

这次事件后，"东天"公司赢得了无数忠实的消费者。公司的产品自此一路走俏，十分火爆。

重光武雄花费了巨资请阿兰·德龙代言，并摆出非常大的排场迎接他。虽然花费了大量的钱财，对公司的发展不利，但是这为公司赢得了广阔的市场，让企业有了更大的发展空间，花费了的钱可能只是赚取钱财的一点点而已。这足以说明这里让一分，那里就能收获一分的道理。

商人想要让自己有更好的发展，一定不能斤斤计较，俗话说塞翁失马焉知非福，这里失去了一点，那里就会收获一点，想通了这个道理，商人的事业才会越来越大，越来越强。商人之间的利益是相辅相成的，失去一些是为了得到更多，懂得取舍，商人的生意才会越做越大，商人的未来才更光明。

第 8 堂课

竞争理念：
成功是让你的对手都相信你

无论在哪个领域奋斗，
对手都是每个人必然遇见的对象。
尤其在商场中，对手更是不计其数。
如果你选择只与对手建立竞争关系，
那么你的经商之路必然走得很狭窄；
如果你选择与对手在竞争的基础上建立合作关系，
那么你的经商之路才能逐渐拓宽。
李嘉诚深谙此理。

一块蛋糕要分着吃

古语有云："天下熙熙，皆为利来；天下攘攘，皆为利往。"说的是商人的经商目的就是为了赚钱，都说商人是十分势利的，为了钱财可以不择手段。尤其是在同行间，更是赤裸裸的竞争。因此，很多商人都靠打击自己的竞争对手来巩固自己的市场地位。

其实不然，商人之间的互相攻击只会落得两败俱伤。只有那些能够相互帮助，互相提携的对手才会共同进步，达到共赢。所以对于商人而言，懂得分享，人生就会不同。

李嘉诚说："商业合作必须有三大前提：一是双方必须有可以合作的利益，二是必须有可以合作的意愿，三是双方必须有共享共荣的打算。此三者缺一不可。"这一原则不仅使李嘉诚的商业伙伴给他带来了源源不断的业务，更使得他在商界拥有众多的合作伙伴。

很多商人都是有利益可捞的时候才会去做，没有好处的事就置之不理。然而，李嘉诚却不这么认为。在他看来，顾及对方的利益是最重要的，商人绝对不能把目光仅仅局限在自己的利益上，自己的利益和对方的利益是相辅相成的，自己舍得让利，让对方得利，最终还是会给自己带来较大的利益。占小便宜的人不会有朋友，经商同样也是这个道理。因此，李嘉诚在生意合作中总是抱着共同谋利，为对方着想的态度，这也是他能够不断扩大自己商业帝国的重要原因。

一个市场里，有一个老妇人的生意特别好，这引起了其他摊贩的忌妒。

为了发泄自己的不满，大家总会有意无意地把垃圾扫到她的店门口。然而这个老妇人只是笑笑，全然不放在心上，从来都不予计较。她总是默默地把垃圾清扫到自己家的角落。

旁边的一个妇人观察了她好几天，非常不理解她这样做的原因，终于有一天忍不住问道："大家都把垃圾扫到你这里来，你为什么不生气，相反的还自己把垃圾扫干净呢？"

老妇人笑着说："在我们老家过年的时候，我们都会把垃圾往家里扫，垃圾越多就代表会赚很多的钱。现在每天都有人送钱到我这里，我高兴还来不及，又怎么舍得拒绝呢？你看我的生意不是越来越好吗？"

听了老妇人的话，这个妇人非常震动。并把这些话告诉给了大家，大伙全都被老妇人的宽容所折服，羞愧地低下了头。

从此以后，再也没有垃圾出现在老妇人的摊位旁。

老妇人这么做的目的是以和为贵，只有和和气气的，才能生财。如果她心胸狭窄，与大家大吵一顿，就会受到别人的排挤，这样一来，自己的生意也就很难做下去了。经商同样也是这个道理，如果一心想要和同行进行竞争，那么最终不但伤了和气，还会让自己元气大伤。实在不是明智之举。

俞敏洪在2008年上海市大学生创业文化节上演讲时说："创业要有分享精神。比如说现在你有6个苹果，你有两个选择：第一个是你可以一口把它们全部吃掉，第二个是你可以自己吃一个，给别人分5个。表面上你丢了5个苹果，实际上你一点也没丢，因为你获得了5个人的友谊。当你有困难的时候，他们就很愿意来帮你。或者别人会想：我吃了你一个苹果，当我有橘子的时候,无论如何我要分你一个橘子。这样,你就用这种方式收集了另外的五种水果。"可见分享不是吃亏,也只有聪明者才会懂得这其中的哲学。

李嘉诚之所以能有今天的成就,除了不懈的努力外,他的经商哲学同样起到了非常重要的作用。在李嘉诚看来,懂得分享事业才会好做,懂得分享企业才会有发展。

在香港地区,董事长每年都会从利润中拿出一定比例来奖励董事会成员,这些奖励被称之为"袍金"。李嘉诚是数个公司的董事,其所得"袍金"会有上千万港元。但是李嘉诚每年只象征性地拿5000港元,其余的全都归入长江实业的账上。李嘉诚每年放弃数千万元袍金,把自己的所得全部都和大家一起分享,获得了公司众股东的一致好感。

也许是李嘉诚这种大方的表现征服了人们,很多人都非常信任长江实业的股票,甚至出现了这样的情况:李嘉诚购入其他公司股票,投资者主动跟进,这让李嘉诚获利很多。

李嘉诚的这种分享哲学让他在与别人分享自己的利益后,获得了更多的利益。他在经商过程中,主动与人分享利益,赢得了他人的信任,赢得了更多的业务伙伴,以及未来的市场。

懂得分享,人就会有更多的机会。懂得分享,可以让你获得更多的信息,更多的机会,这会使你有更大的概率成功。所以人要学会分享,商人尤其如此。商人如果学会了分享,懂得彼此利益共存的道理,就会让自己的企业有更平坦的发展道路。从而为企业的未来发展减轻负担,增加成功的概率。懂得了分享,人生就会不同。

是对手，也是盟友

在商场之中，没有永恒的朋友，只有永恒的利益。逐利是商人的本性，但聪明的商人也都知晓这样一个简单的道理：要想在商场上驰骋自如，就必须做到左右逢源，进退自由。具体来说，商人能够做到上不得罪于达官贵人，下不失信于平民百姓，中不招妒于同行，这样一来事业才能如大树般枝繁叶茂。盟友可以给你带来机遇和现金，是一笔无法衡量的隐形资产。在李嘉诚的事业中，他在处世的过程中，能够很好地把握自己的分寸，和他交往的人都能够信服他。

李嘉诚还没有自己创业的时候，是洒水器的推销员。在推销的过程中，李嘉诚广博的学识，诚恳待人的态度，形成了一种独特的人格魅力。和他交往的人都愿意和他做朋友，李嘉诚在推销这一行如鱼得水。

在加入到塑胶公司仅仅一年的时间，李嘉诚就超越了公司的另外 6 名推销员。作为一个刚入行的新手，老板拿出的财务统计结果是让人难以置信的——他的销售额是第二名的 7 倍！18 岁的李嘉诚被提拔为部门经理，统管产品销售。两年之后，李嘉诚又晋升为总经理，负责公司的日常事务。20 多岁的李嘉诚成为塑胶公司的台柱子，也成为同龄人中的佼佼者。而这一切都离不开李嘉诚良好的人缘。

在离开以前的公司自己创业的时候，李嘉诚在席间对他的老板说出了这样一番诚恳的话："我离开你的塑胶公司，是打算自己也办一间塑胶厂。我难免会使用在你手下学到的技术，也大概会开发一些同样的产品。现在塑胶厂遍地开花，我不这样做，别人也会这样做。不过，我向你保证，我绝不会带走一个客户，绝不用你的销售网推销我的产品，我会另外开辟销售线路的。"

这对于李嘉诚来说是一个艰难的选择，也是对自己的承诺。既然是新厂，又是同行，难免要与以前的公司争夺资源。但是，李嘉诚并没有就此违背自己的誓言，甚至推辞了主动找上门的客户，并且希望他们继续保持与原公司的业务往来。

朋友在哪都是财富，尤其是在生意场上。在做生意的过程中，赢利是作为商人的首要任务，但如果能把自己合作过的伙伴变为朋友，这就是经商的另一个境界了。在李嘉诚眼中，商人之间不仅仅是充满着竞争，更是一种合作的关系。

"在家靠父母，出门靠朋友。"这是在商界驰骋的人经常说的一句话。在商界，如果能够善待合作伙伴，争取让合作伙伴成为自己的朋友的商人才是高明的商人。

在1957年的时候，李嘉诚的事业刚刚有些起色，正在积极扩充厂房，争取海外买家的合约。在他的客户中，有个美籍犹太人叫作马素，曾经预定了一批塑胶产品，但最终因为意外的原因取消了订单。对于这样的事情，按照最初订立的合同，李嘉诚是可以要求对方进行赔偿的，但李嘉诚并没有这样做。他对马素说："日后若有其他生意，我们还可以建立更好的关系。"对于这个宽厚的年轻创业者，马素是深感敬佩的，觉得他是个将来能够做大事的人。为了感谢李嘉诚的真诚和大度，他于是不断向美国的同行推销李嘉诚的产品。因为有他的帮助，李嘉诚很快就在美洲开拓出了市场，接手了大量的订单。

有人说，商场上的朋友往往是同行。俗话说，同行是冤家，在一般人眼里是应该是属于你死我活的斗争，但高明的商人往往会从中寻找到双方的互利点。把合作伙伴甚至是竞争对手发展成为自己的朋友。做生意，讲究互惠互利，只要双方都有利可图，或者说能够得到自己想要的，生意就能够做成。这也就使得商场上交朋友成为了可能。

朋友的珍贵，不仅体现在顺境之中，更是逆境之中的扶持。中国的创业传奇人物史玉柱在创业之初曾经借给一个合作伙伴50万元，在伙伴需要他的时候，他义无反顾地倾其所有。盛极必衰，当史玉柱的"巨人大厦"轰然倒塌的时候，曾经的全国首富成为"首负"。对于此时的史玉柱而言，无疑是最困难的时刻。纵然他手里还握着"脑白金"的成熟配方，但他依然没有启动资金。这个时候，他以前的伙伴伸出了援助之手，给了史玉柱最初的注册资金，也是脑白金开拓市场的第一笔资金。就是依靠着这第一笔资金，史玉柱重新站了起来。

在商业活动中，人们遵循着商人间的规则，也可以以朋友相待。没有尔虞我诈，没有钩心斗角，只有作为朋友间的相互支持。规则和金钱是冰冷的，但人情是温暖的，经商的目的不仅仅是为了获得财富，更重要的是让自己有成就感和充实感。而"奸商"只能造就一个人一时的得意，却不能带给人一个美好的记忆。人生是充满起伏的，尤其是在生意场上，谁也不能保证自己的生意不会出错，谁也不敢说自己的生意只是依靠自己一个人。生意是人与人之间的交往，如果没有足够优秀的人际关系，生意将会变得异常艰难。

在几十年的经商生涯中，李嘉诚感悟到："人要去求生意就比较难，生意跑来找你，你就容易做。那如何让生意来找你？那就要靠朋友。如何结交朋友？那就要善待他人，充分考虑到对方的利益。"

这是自己的经验之谈，更是大智的经商智慧。让朋友遍及商场之中，这样在经商的过程中收获的才不仅仅是简单的利益，更是一种生活的乐趣。

让生意主动来找你

我们都希望在与人交往中能够以诚相待，没有诚心，朋友会离你远去；没有诚意，客户会对你敬而远之。李嘉诚从小受到传统文化的熏陶，在利益至上的商场上，李嘉诚能一直坚守诚实的品性，恪守自己的商业道德。为此，李嘉诚曾这样说，做生意要以诚待人，不能投机取巧。一生之中，最重要的是守信。我现在就算再有多十倍的资金也不足以应付那么多的生意，而且很多是别人主动找我的，这些都是为人守信的结果。

在现代这个时代中，很多人为了利益急功近利，挖空心思去达到所谓的成功，但这永远达不到想要的高度。如果用李嘉诚作为一个成功的模板，那么诚实的商德一直贯穿在李嘉诚的做人做事的风格中。

早年，李嘉诚开始转型做塑胶花。有一位外商希望能够大量订货，李嘉诚生产的塑胶花已经深深吸引住了外商的目光。见到李嘉诚后，这位外商直截了当地说，我是打定主意订购香港的塑胶花，并且量是很大的。而你现在的规模，满足不了我的数量。我知道你的资金可能会有问题，我可以先行与你做生意，但条件是你必须有实力雄厚的公司或者个人对此担保。

在香港地区这个高度发达的商业社会中，往往是认钱不认人，李嘉诚硬着头皮，磨破了嘴皮，最终还是一无所获。

第二天，李嘉诚到了批发商下榻的酒店，两个人就坐在酒店的咖啡室里，李嘉诚没有多说话，只是拿出了9款样品，放到了批发商面前。

在李嘉诚的内心，他太想做成这笔生意了。这位批发商的销售网络遍及欧洲，是李嘉诚进入欧洲市场的不二选择。李嘉诚未能如约找到担保人，他和设计师通宵达旦，连夜赶制出了9款样品，希望通过样品打动批发商。如果对方有兴趣，看是否能够寻找变通，如果做不成生意，权当送给批发商，做个纪念，争取下一次的合作。

对于这9款样品，批发商足足看了十多分钟。最后，批发商的目光落在李嘉诚熬得通红的双眼上，他猜想这位年轻人大概是通宵未眠。

批发商对李嘉诚表示出了由衷的欣赏，对李嘉诚说，我们可以谈生意了。但李嘉诚的回答却让批发商感到十分地意外："承蒙您对本公司样品的厚爱。我和我的设计师花费的精力和时间没有白费。我想您一定知道我的内心想法，我是非常非常希望能与先生做生意的。可我又不得不坦诚地告诉您我实在找不到殷实的厂商为我做担保，十分抱歉。"

批发商看着李嘉诚，并没有表示出多大的失望或者吃惊，李嘉诚接着说："请相信我的信誉和能力，我是白手起家的小业主，并且您也已经考察过我的公司和工厂。因此，我真诚地希望我们能够建立起合作的关系，并且是长期合作。"

李嘉诚的诚恳和执着深深打动了批发商，批发商说道："李先生，我知道你最担心的就是担保人。我坦诚地告诉你，你不必为此事担心了，我已经为你找到了一个担保人。"面对李嘉诚的惊愕和不解，批发商微笑道："这个担保人就是你。你的真诚和信用，就是最好的担保。"

通过这位批发商，李嘉诚得到了大批的预付款，扩大了生产规模，拓宽了自己的销路，也让李嘉诚深切地感受到了诚实的力量。

在生意场上，狡诈往往会被人贴上智慧的标签，而诚实则让人觉得很傻。但李嘉诚一直信奉：做生意就像做人，诚实是一切生意的根本。没了诚实，人与人之间就无法信任，建立不起信任的话，生意只能做成一时，成不了一世。

对于任何生意人来说，诚实有时候意味着的甚至是损失，但这是一个大商人所必须拥有的素质。李嘉诚凭借着自己的诚实赢得了外商的信任，事业得到了迅速发展。很多人都说李嘉诚是一时幸运，其实这是李嘉诚一直用诚实的品质要求自己的必然结果。

1991年，广东李宁体育用品有限公司正式成立。在刚进入这一行业的时候，由于资金和厂房的限制，李宁采取的是贴牌方式生产"李宁牌"运动鞋，但是因为缺少经验，出厂的第一批鞋全部为不合格产品。当时，李宁投入运动鞋的开发资金只有50万元，其中有20万元都压在了这种运动鞋上。面对这种情况，当时一些人就提出了低价出售这些运动鞋，这样多少能收回一点成本。刚从运动员转型做企业的李宁做出了一个决定：把不合格的产品全部销毁，一切从头再来。那一年，李宁不到28岁。

可以想象，如果没有李宁断腕的勇气和决心，也许就不会有现在的李宁公司。作为一个没有经历过商海沉浮的李宁来说，他只有一个信念，那就是诚信。自己的产品不合格，就不应该出现在消费者手中，必须要对得起自己的心。或许，这就是真正商人共有的品质吧。诚实不仅仅是一种品行，甚至可以发展成为一门生意。

由此可见，诚信不仅仅是一种品格，更是可以创造财富的利器。它是一个企业生存的生命，也是一个企业家走向成功的前提。也许，这就是优秀商人间的默契，无论身处何地，无论从事什么行业，诚信是他们不变的坚持与选择。正是依靠这种看似愚笨的方式，他们实现了自己的创业梦想。

厚道即商道

我们总把生意场比作战场，在我们的印象里，商人就是那种冷血无情，看重利益胜过一切，为了赚钱可以毫无原则的人。的确，很多商人的确是这样做的，但是，当你把视野投向李嘉诚这样的真正的世界顶级商人的时候，你却会发现，他们不但丝毫不会给人冷血之感，他们的厚道更是超越了绝大多数我们所认识的那些所谓君子们。他们并不傻，没有人能说这些成功到不能再成功的人是傻瓜，他们这么做当然是有理由的，因为他们知道，厚道不仅仅是品德，更是利益。

一次，李嘉诚问他的儿子李泽钜和李泽楷："如果爸爸要入股一家公司，按理说我可以拿10%的股份，如果凭着我的地位和名望的话，拿11%也不算过分，你们说我应该拿多少？"

李泽钜说："当然拿11%，拿得多才能赚得多嘛！"李嘉诚笑着摇了摇头示意不对。

李泽楷虽然年纪小，反应却快，一看父亲的表情马上说："那肯定是应该拿10%了！"

李嘉诚又摇了摇头，说："你俩说得都不对，按照我做事情的惯例，我会拿9%。"

两个孩子茫然不解："你为什么要少拿啊？少拿岂不是少赚钱？"

李嘉诚说："孩子们，我们做事情不能只是考虑自己，更要考虑那些跟我们打交道的人。好多时候是这些人赚得多，我们自己才能赚得多，这就是爸爸做生意的诀窍：你想拿11%发大财反而发不了，只拿9%的话，财源反而会滚滚而来。"

李嘉诚是这么说的，也是这么做的。1977年，香港地铁中环和金钟两站的上盖物业工程开始招标。这一地段是全香港地区最繁华的黄金地段，没有任何一家香港的房地产公司不对此虎视眈眈，李嘉诚的长江实业当然也不例外。但问题是香港政府已经将这块地的开发权交给了地铁公司，地铁公司的实力不足以单独进行开发，于是各大地产商就需要通过招标的形式选出一家，成为地铁公司的合作伙伴，与地铁公司一起吃这块肥肉。当时，置地、太古、金门等拥有英国背景的实力雄厚的大地产商夺标的呼声最高，与这些大地产商相比，李嘉诚的长江实业充其量只能算是中等水平。可是招标的结果令所有人大跌眼镜——长江实业以绝对优势战胜了众多强手获得了与地铁公司合作的机会。

事后，李嘉诚说出了他竞标成功的诀窍：能让则让，退一步海阔天空。

他的具体做法是：第一，由于地铁公司财力有限，全部建筑费用由长江实业方面承担。第二，李嘉诚一反常态地打破了双方合作的惯例，楼盘建成后全部出售，所获得的利益地铁公司拿51%，长江实业拿49%。

李嘉诚开出如此优厚的条件，地铁公司又岂有不与他合作的道理？让我们分析一下其中的利害得失。这项利润丰厚的工程，无数有实力的公司都想染指，地铁公司自然可以待价而沽，选择一家最能让他们获利的公司作为合作伙伴。

而对于李嘉诚来说，他可就没有这么从容了，他的竞争对手多得很。李嘉诚深知，只要能拿下这项工程，获利是完全不成问题的，其中的差别只在于获利的多少而已。但如果眼里只盯着利润，那么在众多竞争对手的围剿之下，李嘉诚难有把握取得这片地产的开发权，如果竞标失败，那可就什么利润都没有了。

这样一来，李嘉诚当然就知道自己该怎样做了。而且，以最大限度地让步拿下这项工程之后，李嘉诚在损失了一部分利润的同时也并非全无收获，他在香港商界的地位、他的厚道、他善待自己合作伙伴的好名声都是在这样的事例中一步步树立起来的。

滴水之恩，报以涌泉。商场不仅是一个互相竞争的地方，同时也是一个大家合伙赚大钱的地方。你为人厚道，别人就会信任你，就会愿意跟你合作，愿意把自己所发现的商机和你分享，你赚钱的机会当然也就更多了。

人同此理，对于一个厚道的人，绝大多数人都会用厚道来回报他，无论这个人是大人物还是小人物，无论这个人是朋友、合作伙伴还是你的员工。

吴舜文出身苏南纺织世家。1951年，她在台湾地区新竹成立台元纺织公司，当时的台湾工业正处于起步阶段，因此，台元的棉纱、棉布一上市就赢得了台湾民众的青睐，因为这正是那些民众们所急需的。对于企业管理，吴舜文有自己的原则。她说："一个现代化的企业必须走向制度化，我个人做事的原则是绝对要求公平，答应别人的事就一定要做到。"

1961年，台元公司建立10年后，台湾地区纺织业出现衰退现象，许多企业陷入困境，因而停发了工人的年终奖金。但吴舜文却认为，企业亏损一方面是市场不景气，另一方面是我们企业领导的责任，工人们工作都很辛苦，他们不应该为此受到牵连。于是她决定：台元厂工人年终奖照发，制度不变。

吴舜文的这些措施使职工找到了归宿感，每个台元的员工在横向比较时，都能够感受到公司对他们的关怀以及吴舜文伟人的诚恳和厚道。这样一来，台元的员工们当然会对吴舜文死心塌地，当然会将工厂视为"自己的企业"，跟吴舜文携手并肩，为了企业的未来而努力。后来，当有纺织厂把高薪征求熟练女工的广告贴到"台元"厂时，这里的工人表现出的都是不屑一顾。

谁不喜欢跟厚道的人打交道呢？谁不喜欢在体恤员工的老板手下工作呢？吴舜文不愧深谙用人之道，虽然公司正处在困境之中，她却用一年的年终奖金换来了员工们对她的绝对忠诚，同时也换来了她在行业内崇高的声望。吴舜文是一个厚道的人，她的厚道也得到了相应的回报。

是收买人心也好，是经营理念也罢，李嘉诚和其他无数成功商人们的厚道精神为这些人博得了好的名声，同时也带来了源源不断的利益。谁说好人没有好报？至少在商场上，这个论点是绝不能成立的。

留个面子也不难

经商是为了赚钱,但如果只是看到了"金钱",忽略了人性,那这样的老板注定是不高明的。其实,做生意离不开做人,要善于和人打交道,照顾到别人的心理和尊严,才能处理好各种关系,才能充分发挥人力资源的价值,创造出更大的效益。

一个经商的人,如果能够重视人的尊严,坚持最起码的人际沟通原则,这样一来,不仅让对方获得更多的利益,更让对方从心理上获得被尊重的满足感。

事实上,中国人最大的特点就是爱面子。说到底,面子其实就是一个人的尊严。谁都希望在做事的过程中会考虑到自己的面子,让自己觉得有尊严。因此,在与人交往时,既要为自己挣得面子,同时也要善于给别人留下一些尊严。

很多商人自以为有创业的魄力,生意刚小有成就的时候,就为自己的能力沾沾自喜,觉得自己有见解,有眼光,有口才。这些人生怕没有机会表现自己的才能,一旦有了机会就滔滔不绝,甚至不惜借贬损别人来提升自己。其实,这种行为不会让别人尊重你,只会增加对你的厌恶。

每个人都需要尊严,在保全别人尊严的时候同时也是给自己一个受尊敬的机会。

在李嘉诚看来，对待部属的关心应该多于物质的刺激，在物质激励的基础上，用尊重、信任和关心赢得合作。而对待商业伙伴，也要超越资本实力的大小，用一颗平等的心来面对。这样一来，才能让人服气，所到之处游刃有余。

李嘉诚的从商经验是，重视人的尊严，坚持最起码的人际沟通原则，不仅让对方获得更多利益，更要注意在心理上让对方获得被尊重的满足感。对生意人来说，如果有骄傲自大心，那么就应该及时主动调整自己的不良心态，增强自己对人性的洞察力。

金钱不是万能的，在人性的深处，是渴望获得他人尊重的。作为一个商人，言利是再正常不过的事情，但在重利的同时也要打通"人心"这一关。争夺市场即争夺人心，必须跳出狭隘的利益打算，将人情和面子做足。低声下气去求生意，苦心计算每一点蝇头小利，实为难事。给人面子，让生意主动找上门来，你就会发大财。

乔致庸经常被人称道的就是聘用阎维藩，阎维藩在平遥蔚长厚票号福州分庄任职时，曾为福州都司恩寿垫支白银贿官，总号认为阎违背号规，要处置阎维藩。乔致庸得到这个消息，派儿子从半路将其接到乔家，并且特意嘱咐让阎维藩乘坐八抬大轿，自己的儿子骑马驱驰左右。这些行为让阎维藩异常感动。来到乔家之后，乔致庸用上宾的礼遇对待阎维藩，聘用阎维藩为大德恒票号总经理。士为知己者死，阎维藩为了报答乔家的知遇之恩，兢兢业业，殚精竭虑，为乔家的商业发展立下了卓越的功勋。在他主持大德恒票号的26年间，乔家票号的发展实现异乎寻常的发展速度，成为山西票号中最有竞争力和生命力的票号之一。

然而，有的商人却不习惯这么做，很少考虑别人的面子问题。他们常喜欢摆架子，我行我素，在众人面前指责别人，而没有考虑到是否伤了他们的自尊心。其实，只要多考虑几分钟，讲几句关心的话，为他人设身处地想一下，就可以缓和许多不愉快的场面。

尊严永远是互相给予的。尊重他人才能换来他人的尊重。生意场上的人经常说的一句话就是：多个朋友多条路，多个敌人多座山。一个人能成为你朋友还是敌人，很大程度上在于你是否尊重别人。如果对方感觉到你对他的尊重，交朋友的事情就会变得好办。如果对方觉得他的尊严受到损害，那他很有可能就会对你反目成仇。

做生意最重要的是"和"，和气了才能生财；经商讲究一个"通"，路子畅通才能财源广进。而这两个的前提就是顾忌他人的尊严，给他人足够的面子。

不打无准备之仗

与人竞争时，知己知彼是非常重要的。对此，李嘉诚是这样说的："作任何决定之前，我们要先知道自己的条件，然后才能做出选择。在企业的层面，要知道自己的优点和缺点，更要看对手的长处，掌握准确、充足的资料，作出正确的决定。"

只有做到了知己知彼方能无往不利。很多人虽然有一定的实力，却总是成为别人成功的背景。其原因就是在与人竞争时，不能够很好地分析所处的环境、面临的状况，最重要的他们不能正确地认识自己，了解对手。

知己知彼对于商人是非常重要的要求，如果与人竞争时，你却对对手的情况一无所知，你就很难推断对手会去做什么，会怎样做。相反地，如果对手对你了如指掌，你所做的，你所想的就逃不过他的眼睛，那么胜利就会属于他而不是你。

东晋时期，秦王苻坚控制了中国的北方地区，势力范围非常大，但是他非常不满足。于是在383年率领步兵、骑兵90万，攻打江南的晋朝。

晋军大将谢石、谢玄见苻坚来犯，于是便领兵8万前去抵抗。苻坚得知晋军兵力不足，就想以多胜少，抓住机会，迅速出击。但是苻坚万万没有想到，先锋部队25万士兵在寿春一带被晋军出奇击败，损失十分惨重，领兵的大将也被杀死了。

秦军完全失去了斗志。此时，苻坚在寿春城上望见晋军队伍严整，士气高昂，再北望八公山，只见山上一草一木都像晋军的士兵一样。苻坚便回过头对弟弟说："敌人太过强大了，我们陷入了困境，怎么能说晋军兵力不足呢？我真后悔自己发兵前没有做好准备，研究对手。"

为了摆脱晋军，苻坚令部队靠淝水北岸布阵，企图凭借地理优势扭转战局。这时晋军将领谢玄对苻坚提议道："我们可以将军队后撤，让出一点地方，这样更方便渡河作战。" 听了谢玄的话，苻坚暗笑晋军将领不懂作战常识，于是就想利用晋军忙于渡河难于作战之机，给它来个突然袭击，于是欣然接受了晋军的请求。

谁知，后退的军令一下，秦军如潮水一般纷纷溃逃，而晋军则趁势渡河追击，把秦军杀得丢盔弃甲，尸横遍野。苻坚中箭而逃。

苻坚的失败在于他夜郎自大，非常自负，他不能清楚地认清自己，更不知道对手的实力。这使得他在出现其他状况时显得完全没有办法，失败也就随之而来了。如果苻坚能够在战前做一些功课，研究透对手的情况，然后充分利用自己的力量，制订相应的作战计划，这场战争的胜很有可能就是他了。

商人最忌讳的就是盲目、莽撞，不加思考就横冲直撞的商人拼到底总会输得头破血流，血本无归。而那些懂得思考的人，总会知己知彼，隐藏起自己的弱点，猛攻对手的不足，这样一来成功对他们而言就轻而易举了。

李嘉诚在商场上如鱼得水，他成功的原因就是他从不打无准备的战役。每一次与对手较量时，李嘉诚都会做好充分的准备，不但要评估自己做事情的能力更要分析外界的竞争力，然后根据具体情况做出相应的对策，从而获得成功。

曾经有一名学生问李嘉诚："作为一个领袖要取得员工的信任，但假如李先生作出了错误决定时，会以什么形式跟员工交代？以目前李先生管理全球这么多业务，开会前又要做好准备，时间上怎样分配？"

听了这名学生的提问，李嘉诚笑呵呵地说道："我们每一个人都会有犯错的时候，错了便应勇于承认，把错的代价作为教训。事实上，做出错误的决定不是我一个人，因为每一次决定都经由有关人员研究，要有数字的支持，而我对数字是很留意的，所以数字一定要准确。每次一开会就入正题，没有多余的话。"

李嘉诚的话充分说明了他做事情总会做好准备的优点，每一次开会他都会要求自己和员工准备好需要准备的资料，这样不但可以节省时间，更能非常快地进入正题。试想这样一个好的习惯，他在商场上与人竞争时能不赢吗？与人竞争时，他一定会充分做好准备，不但衡量自己的状态，还会认真分析对手的能力,真正做到胸有成竹,知己知彼,胜利的天平在正面交锋之前已然倒向了李嘉诚这一边。

自信源于对自己能力的充分了解,对对手情况的了如指掌,更是对战局的运筹帷幄。好的开始是成功的一半,而好的开始则源自充分的准备,只有做到充分的准备,知己知彼,才能百战百胜。

只有那些做好充分准备的人才能更好地接近胜利。磨刀不误砍柴工,即便是商场上机遇转瞬即逝,也不能不做准备硬着头皮往上冲。成功总是会垂青于有准备的人。商人想要成功赢得一场竞争,就一定要了解对手,然后经过冷静的分析,在其身上找到弱点,这样就可以一击制胜了。

对于商人来讲,不打无准备的仗,每次出击必做好万全的准备,衡量自己的同时更要认真地审视对手,这样一来,成功的概率就大大增加。

与人为善很重要

天底下没有陌生人,只有你未结识的朋友。人们经常说,前世的五百次回眸才换来今生的擦肩而过,那么在做生意的过程中,让每个愿意与自己交往的人都成为自己的朋友。在任何商人眼中,朋友总是越多越好。精明的人很重视人情,喜欢请客吃饭,更喜欢在饭桌上结交一些朋友的朋友。不管是朋友还是陌生人,只要透露出商机,他们就会马上发现它的价值,采取行动。当他们得知信息的时候,就会马上采取措施,赚得别人无法赚到的钱。

李嘉诚在自己的经商生涯中一直保持着广交朋友的习惯。这种习惯不仅让他拥有良好的商业资源，更让他赢得了尊重，赢得了利益。

一家公司要想在香港地区上市，原则上需要5年以上的经营业绩。要遵循正式手续在交易所上市，需要花费相当的人力、财力和时间。于是，一些急于上市的公司，通过收购他人的小型上市公司，以实现自己上市的目的。那么这些小型的上市公司就被称为"空壳"——资产和营业额都很少，买家无须动用大额的资金，有别于一般含义的股市收购。

有了这些空壳的公司，一些公司由于一些资产的限制，便打起了借壳上市的主意。有了买壳者，就有造壳的人。一些集团有意分拆上市，或者掏空某些上市公司，使其变成了空壳，这些空壳待价而沽。买家买的不是这个公司，而是这个壳，即上市公司的地位。

李嘉诚在股市中看重了泰富这只壳。泰富经营地产及投资，状况良好，曹光彪的龙头项目是港龙航空，与太古洋行的国泰航空展开激烈空中争霸战，曹氏不敌对手，财力枯竭，焦头烂额，为摆脱困境，曹氏只有"忍痛割肉"——出售泰富股份。

到1991年6月，泰富经改组、集资、扩股之后，股权分配是：中信49%、郭鹤年20%、李嘉诚5%、曹光彪5%。泰富正式改名中信泰富，荣智健任董事长。从股权分配上，可见李嘉诚旨在促成这件事，而无意获取权益。

1994年，中信泰富跻身香港十大财团榜，排名第八位，风头之劲，连香港老牌华资英资大财团都感到可畏。

有人认为，李嘉诚之所以帮助中信上市，是想捞一点政治资本，好为以后打算。其实，这不是根本原因。李嘉诚一贯主张"利益共享"，他深知多个朋友多条路，也就多一份赚钱的机会，即便不是中方资本，如果他可以帮忙，他也会毫不犹豫地去做的。

在香港地区拍卖场上，曾出现过不少一掷千金，博取胜利，大家争来争去，最终都红了眼，变成了赌气，不惜一切代价的事件。在李嘉诚看来，无论是购买土地还是公司，不要认为非手到擒来不可，今日不买这块地，以后还有别的土地可买，目的都是在于发展地产赚钱。

1987年11月，香港地区的楼市正处于快速发展计划的时期，在一块关键土地的拍卖中，李嘉诚最主要的竞争对手已经把价码加到了高出底价一倍。这是拍卖场最为敏感的临界线。短暂的沉默中，竞投各方都在心中打着算盘。"4亿9千5百万！"李嘉诚再次举起标牌，令竞标者咋舌不已。

终于再也无人竞价，一声槌响，这块官地便有了主人。一场竞投战火宣告停息。李嘉诚随之当场宣布："此地是我与胡应湘先生联合所得，将用来发展大型国际性商业展览馆。"

在拍卖场上，李嘉诚通过及时与胡应湘沟通，把竞争对手变成了合作伙伴。这就是高明商人的做法，经商原本就是为了谋利，而不是赌气，能让则要谦让，能够做朋友就不要成为敌人。舍弃一点点的利益，得到的是化敌为友，为以后更大的发展提供道路。

在李嘉诚看来，善待他人，考虑对方的利益是生意场上交朋友的前提。在香港的商界，李嘉诚的人缘几乎可以说是最好的。有人说，李嘉诚生意场上的朋友多如繁星，几乎每一个与他有过一面之交的人，都会成为他的朋友。所以，李嘉诚在生意场上只有对手而没有敌人，不能不说是个奇迹。

一次，一个很招李嘉诚不喜欢的报社记者在他的公司楼下等他，一开始李嘉诚不想见他，准备开车就走。但当他的下属告诉李嘉诚那个报社的记者已经等了他两个小时的时候，李嘉诚立即让司机倒车回去。因为李嘉诚不忍心让那个记者站了两个小时而回去没有东西交代。

李嘉诚在年轻的时候,走南闯北的推销生涯,不仅初步形成了他的商业头脑,丰富了他的商业知识,更为重要的是在这其中他结识了很多的朋友。同时,李嘉诚有意地去结识朋友,先不谈生意,而是建立起友谊,友谊常在,生意自然也就不成问题了。

李嘉诚结交的朋友,也不以客户为最终标准。俗话说:"人有人路,神有神路。"今天成不了客户,或许将来就能成为客户;他自己做不了你的客户,也许他会引荐其他的客户。即使做不成生意,朋友帮忙出出主意,叙叙友情也未尝不是一件高兴的事情。

要想做成一件事,中国人习惯用天时、地利、人和来说明。其实,所谓人和,也可以看作是良好的人际关系。一个成功的商人,需要的不仅仅是精明的经商手段和敏锐的洞察力,更加需要其他人的帮助和支持。

诚信也是一种资产

与一个人交往,信誉意味着你将来能与他交往的程度。很多人在开始经商的时候,常常会产生这样的看法,认为一个人的信用是建立在金钱的基础之上。其实这是大错特错的想法,与百万财富相比,诚信的品格就是你最大的资产。

对于一个成熟的银行家来说,他在放贷的过程中,最为看重的就是一个人的信誉，他们对于资本雄厚，但品行不好、缺乏信用的人，绝不会放贷一分钱；而对于那些资本不多，但信誉较好的人则慷慨相助。任何人都应该懂得：信用是人一生最重要的资本。要知道，糟蹋自己的信用无异于在拿自己的人格做典当。

要想获得根本性的胜利，一定离不开良好的信誉。李嘉诚说："建立个人和企业的良好信誉，这是资产负债表中见不到、但却价值无限的资产。"

2002年，李嘉诚旗下的长虹生物科技公司要上市融资，当时长科公司全年的营业收入才几十万港元，根本就不赢利，但是股票发行时还是获得了好几倍的认购。人们之所以这样做，是因为"李嘉诚"这三个字就是信誉的保证，就是李嘉诚最大的无形资产。

有一年，李嘉诚决定以私人的方式出售他持有的一家公司的股份，在计划的过程中，这家公司宣布了获利丰厚的消息。很多人都以为李嘉诚要暂缓出售股权，以便能够卖个好价钱。但令人意想不到的是，李嘉诚却坚持按照原计划出售。对此，李嘉诚是这样解释的，还是留一些好处给买家，将来再配售的过程会顺利一点，赚钱并不难，难的是保持自己的信誉。有一家报纸发表了一篇评论，曾非常精辟地总结道："有三样东西对长江实业至关重要，它们是名声、名声、名声。"

中国有句老话"留得青山在，不怕没柴烧"，在如今的资本市场上，自己的信誉就是青山，只要自己拥有良好的信誉，资金不是问题，成功也会变得水到渠成。一旦失掉了自己的信誉，获得的也许是一时的小利，但最终失去的是自己安身立命的关键品质。

在人的一生中，能够一直坚守并维护自己的信誉并不是一件容易的事情，然而，正是因为难，方才彰显可贵。

众所周知，东北盛产人参和鹿茸，但是经常做人参、鹿茸生意的商人都知道，全国人参和鹿茸的集散地却在温州。东北和温州，一个在北，一个在南，竟然会因为人参和鹿茸而扯上关系。这还不是最让人惊讶的，最让人惊讶的是，同样的人参，在东北原产地的价格是2000元/公斤，而在温州却只卖1900元/公斤，这又是怎么一回事呢？

人参和鹿茸，从东北到温州，千里之遥，温州人却赔本卖了出去，这显然不像是温州人的做事风格。其实，事实的真相远不止如此，这样赔钱销售人参、鹿茸，正是温州人聪明所在。

温州人做生意非常讲信用，所以，东北人非常喜欢和温州人做生意，每次买卖人参、鹿茸都是大手笔。

经过一段时间的合作，温州商人和东北人商建立了友好的往来，东北商人觉得温州人非常诚信，温州人正是利用自己诚信的优势，采取了赊销的方式：预先支付20%~30%的定金，等把货卖出去后再交钱。但是温州人从来不会拖欠，每次合作都是言出必行，这让东北人感到非常放心。

靠自己的信誉赢得东北人的信任，和他们成为朋友，自然就能拿到人参和鹿茸了。温州人认为赊销方式不仅仅是普通的经营手段，更是一种机会，一种商机。他们把人参和鹿茸放到市场上，以低廉的价格销售就是为了利用这笔资金，用卖完人参和鹿茸的钱去做其他生意。在一年当中，可以周转这些资金，做很多生意，虽然卖人参和鹿茸赔钱了，但是做其他生意却全都赚了回来，而且不仅补上了差额，还赚到了丰厚的利润。

这就是信誉的力量。信誉对于一个人来说永远是最宝贵的财富。对于自己说出的每一句话、做出的每一个承诺，一定要牢牢记在心里，并且一定要能够做到。办企业要注重积累信誉，有了信誉，就有了市场，也就赢得了利润。李嘉诚说："不论在香港，还是在其他地方做生意，信用都是最重要的。一时的损失将来还可以赚回来，但损失了信誉就什么事情也不能做了。"

做生意其实就是互相信任的一个过程，你给予了他人信任，别人自然会用信任来回报你。这样就能产生合作的关系，达到双赢的目的。反之，如果双方都是互相猜忌，互相利用，那就不会有持续的合作，也就丧失了下一次合作的机会。

商场重在"诚交"

在商业战场中，没有永恒的赢家。但是在人们的心中，李嘉诚成为商场上战无不胜的代名词。李嘉诚达到这个高度并没有什么特别的技巧，除了他过人眼光和魄力，最重要的就是依靠一个"诚"字。李嘉诚的财富对他个人而言已经没有多少意义了，他更大的意义就是向世人表明：无论是创业还是守业，其实都没有想象中的那么难，只需要一个字"诚"。他评价自己说："讲信用，够朋友。这么多年来，差不多到今天为止，任何一个国家的人，任何一个省份的中国人，跟我做伙伴的，合作之后都成为好朋友，从来没有一件事闹过不开心，这一点是我引以为荣的事。"

1981年元旦，李嘉诚当选为和记黄埔有限公司董事局主席，成为香港地区第一位入主英资洋行的华人大班。此时的和黄集团也正式成为长江集团旗下的子公司。从此,李嘉诚的事业如日中天。

刚加入和黄的李嘉诚仅仅是一个执行董事。其实,作为控股权最大的李嘉诚,完全可以以自己所控的股权,凌驾于董事局主席韦理之上,但他从来在时任大班的韦理面前流露出"实质性老板"的意味,于是,他的谦让使众多董事与管理层对他更加尊重。他后来出任董事局主席,是在股东大会上,由众多股东所推选出来的。

其实,在决策会议上,李嘉诚总是以商议和建议的口气发言。但实际上,他的建议就是决策,因为众董事和管理层都会自然而然地信服他、倾向他。通过这种方式,李嘉诚很快地得到了众董事和管理层的好感及信任。于是,韦理的大权旁落,李嘉诚还没有出任主席兼总经理,就已经开始主政。

李嘉诚入主和黄是没有硝烟的战争,但李嘉诚却将这场战争演绎得如此完美。故此,有人说:"李氏收购术,堪称商战一绝。"

以诚为本,才能做成大生意。无论李嘉诚的事业发展到什么阶段,收获了多少赞誉。他都始终记得在困境中母亲给他讲过的那个故事。

在李嘉诚创业的初期,由于盲目扩展,产品质量得不到保障,他的工厂陷入了危机之中。李嘉诚回到家里,母亲庄碧琴从他憔悴的脸色,布满血丝的双眼,意识到长江厂遇到了麻烦。不懂企业经营却知如何为人处世的母亲平静地对李嘉诚讲过这样一个故事。

很久以前,潮州府城外的桑埔山有一座古寺。住持云寂和尚已是垂暮之年,他知道自己在世的日子不多了,就把他的两个弟子一寂、二寂召到方丈室,交两袋谷种给他们,要他们去播种插秧,到谷熟的季节再来见他,看谁收的谷子多,多者就可继承衣钵,做庙里住持。

云寂和尚整日关在方丈室念经,到谷熟时,一寂挑了一担沉沉的谷子来见师父，而二寂却两手空空。云寂问二寂，二寂惭愧地说，他没有管好田，种谷没发芽。云寂便把袈裟和瓦钵交给二寂，指定他为未来的住持。一寂不服，师父解释道："我给你俩的谷种都是煮过的。"

聪明绝顶的李嘉诚立即明白了自己该怎么办。他从母亲的故事中领悟到了一个道理。诚信是为人处世之本，凭借着诚信，则可以战胜一切困难。

在商业伙伴洽谈的过程中，诚实是必不可少的。很多生意做不成的重要原因就是因为无关紧要的谎言。生意无论大小，诚实都是必不可少的。哪怕只是一个街头小贩，如果没有讲究诚实信用，生意都很难做下去。

一些企业在开始的时候业务量虽然并不大，但人们乐意与他进行合作，这种情况往往只是说明一个问题，这家企业是依靠"诚信"立身的。这是很多大公司或者百年企业最初发展的雏形。

世界上有做不完的生意，但聪明的商人可以把自己的生意做到全世界，凭借着的就是一个"诚"字。在这个商业社会中，交易时刻都在发生着，大到数百亿的贸易，小到几块钱的买卖，生意人卖的其实就是"信用"二字。

第 9 堂课

领导理念：
精神领袖靠的是"以心换心"

领导者与员工的不同之处在于，
他们要有向心力。
一个团队，一个企业，
如果成员不信服他们的领导者，
那么这个团队与企业的未来可想而知。
李嘉诚就是一个具有向心力的领导者，
他知道如何感恩员工、尊重员工，
满足员工的最大需求。
一个好领导一定要知道：
锦上添花不如雪中送炭来得有效。

感谢辅佐你的下属们

中国有句古话叫作："双拳难敌四手，好汉架不住人多。"意思是说一个人的功夫再好也难敌几个人的围攻，一条好汉再厉害也没办法同时应付几个人。这充分说明了人多力量大的道理，没有哪个人可以仅凭一己之力就力挽狂澜，改变天下大势。

曹操无论是多么厉害的一个枭雄，他还是需要众多良臣猛将的辅佐；刘邦能够打下江山，靠的是张良的出谋划策和众多将领的抛头颅洒热血；朱元璋能够建立大明王朝，靠的是刘伯温的聪明睿智……想要成就大事业的人、想要获得成功的人，一定需要别人的帮助。

在商界同样如此，一个商人想要做大做强，一定需要众多好员工的共同努力。那些有大智慧的老板会非常重视员工的作用，他们非常明白是员工养活了整个公司，是员工的帮助自己才会在老板的位置上高枕无忧。一个老板对待员工的态度其实就决定了他事业的高度。

李嘉诚对待员工非常宽容、和善，因为他知道是这些员工的辛勤努力，才让自己一步步走到今天。李嘉诚在地产业站稳脚跟后，仍然维持着自己塑胶花的生产。当时，塑胶花已经成为夕阳产业，根本无利可图。很多人都不解李嘉诚这么做的原因。

李嘉诚是顾念着老员工，给他们一点生计，所以不忍心抛弃旧产业。这些员工感念李嘉诚的恩情，全都死心塌地地跟着他。长江大厦出租后，塑胶花厂停工了。不过，老员工也被安排在大厦里做管理。

李嘉诚总是会对人说："一间企业就像一个家庭，员工是企业的功臣，理应得到这样的待遇。现在他们老了，作为晚一辈，就该负起照顾他们的义务。不是老板养活员工，而是员工养活老板、养活公司。"

李嘉诚善待员工的做法使得他的员工非常愿意为他卖命，公司的凝聚力自然也就提高了。与此同时，想要与李嘉诚合作的企业看到李嘉诚善待员工的情境时，也会升起对李嘉诚的敬畏之情，自然就非常愿意与其合作了。这样一来，李嘉诚的机遇就非常多了，他的事业也就会突飞猛进地发展。有人说："李先生精神难能可贵，不少老板，待员工老了一脚踢开，你却不同。这批员工，过去靠你的厂养活，现在厂没有了，你仍把他们包下来。"

李嘉诚却急忙解释道："千万不能这么说，老板养活员工，是旧式老板的观点，应该是员工养活老板，养活公司。"李嘉诚对跟随他多年的有功于长江实业的"旧臣老相"，始终怀有感激、善待、报答之心，以恩、以德相报，真情切切，感人至深。

可见别人的帮助是一个人成功的必备因素。对于商人而言更是如此，员工的扶持是一个公司发展进步的最根本力量，想要有所作为，就需要员工们团结一致，众志成城。

刘备是三国时期著名的政治家，军事家。在他的领导下，蜀汉得以繁荣发展。起初刘备只是一个不为人知的皇室人员，他家境贫寒，靠编草鞋为生。但是他从小就有大志向。一个偶然的机会，他同关羽、张飞义结金兰，成为了生死兄弟。

刘备一心想要建立千秋大业，但是他非常明白仅靠自己的力量是远远不能达到的，于是他广揽人才。除了自己的结拜兄弟关羽、张飞外，刘备又把赵云招致麾下。为了寻求良士，刘备三顾茅庐请诸葛亮出山。

诸葛亮为刘备指明了道路，然后出山辅佐刘备。在无数的征战中，刘备又收服了马超、黄忠、魏延等虎将，为开辟蜀汉大业打下了坚实的基础。事实上也正是在这些人的尽心帮助下，刘备才最终成为了为世人所铭记的大英雄。试想如果没有这些手下的帮助，还会出现汉中地区的物阜民丰吗？如果没有这些人的尽力辅佐，还会有三足鼎立的荡气回肠吗？可以说，没有这些手下的帮助，就不会有刘备的成功。

想要有所作为，得力的干将必不可少，这个道理无论在哪个领域都是说得通的。在商场上李嘉诚能够一呼百应，这是他善待员工的结果。员工觉得李嘉诚的心中有自己是对自己的重视，士为知己者死，员工肯为他卖命也就不奇怪了。

盛颂声是辅助李嘉诚从创业到公司发达的劳苦功高的元勋之一。几十年来，盛颂声兢兢业业、任劳任怨地为长江实业的发展、壮大贡献出自己的聪明才智，李嘉诚除了提拔他任长实的董事副总经理外，还委以负责长江实业公司地产业的重任。当盛颂声举家移民加拿大离开长江实业时，李嘉诚专门举办了盛大的酒会为他饯行，令盛颂声十分感动。

李嘉诚在处理公司高管人员离职时，还给他们以低价购入长实系股票的机会，让下属分享公司的利益，使得公司拥有极强的凝聚力和向心力。

戴尔电脑公司CEO迈克·戴尔认为："一个人不能单独做成任何事。卓越的公司领导人都在一定程度上拥有成功的团队……领导人总是寻找一些在技术经验方面与自己互补的杰出人才一起提升其经营水平。在多数情况下，管理团队中的成员拥有同样的热情、人生观和价值观。"事实上，世界知名的大企业家都是非常重视自己的员工的，因为他们非常明白这些人对自己的重要性，他们明白企业的发展还会依赖这些员工。

李嘉诚说自己曾经也打过工，受过薪，他知道员工希望得到的是什么。他说："我集团高级行政人员流失率比香港任何一家大公司都要少，过去十年低于百分之一。要吸引及维系好的员工，要给他们好的待遇及前途，及有受重视的感觉。"

因此，商人应该多向李嘉诚学习，善待自己的员工，对他们心存感激，重视他们的作用，因为没有他们就没有你更好的未来。有了他们，你才有资本向更好的目标发起冲击。他们的辛勤努力换来了你的成就。有了他们的辅佐，你才一路披荆斩棘，奔向成功。

满足员工的心理需求

员工是一个企业的基石，只有基石稳固了，才会把企业这座大厦建得更高更坚实。对于商人而言，想要有一番作为，是离不开一帮得力助手的。只有员工的尽心辅佐，才能为自己一路保驾护航，进而来到成功的彼岸。

商人应该把员工当成朋友甚至是家人，因为没有员工们的辛勤努力，就不会有自己的成就。没有员工的支持，自己也就不会走到今天。商人如果能够清楚地了解每个员工的需求和发展愿望,并尽量给予满足,员工就会心存感激,进而为企业的发展全力以赴。

在对待员工的态度上,李嘉诚做得非常好。他认为,对自己要节俭,对他人则要慷慨。处理一切事情以他人利益为出发点。要了解下属的希望。除了生活,应给予员工好的前途;并且,一切以员工的利益为重,特别是在员工年老的时候,公司应该给予他们绝对的保障,从而使员工对集团有归属感,以增强企业的凝聚力。

李嘉诚非常重视他的员工,他很清楚没有员工的支持,自己就很难有今天的成就。因此,李嘉诚总是尽可能地去了解员工的需要。当他知道很多员工想要更多的收入时,李嘉诚便做了一个惊人的举动,他提供给员工以低价购入长江实业股票的机会,让员工分享公司的利益,从而增强了团队的凝聚力和向心力。

李嘉诚如此善待员工,使得员工都对他心存感激,全都凝聚在他的周围,使得李嘉诚的力量非常强大。借助着强大的驱动力,李嘉诚才得以在竞争惨烈的生意场上过关斩将,所向披靡。

员工对于企业的重要性不言而喻,一个企业最重要的元素就是员工。员工好了,企业就好。员工不好了,企业就很难有所发展。因此,商人应该多关心一下自己的下属,多体贴一下自己的员工。因为他们是你的助推力,如果把商人比作乘风破浪的小船的话,那么员工就是水,要知道水能载舟亦能覆舟,想要更好地到达成功的彼岸,就需要水的顺从和推动。这个道理唐太宗尚能明白,何况商人呢?

一份民意测验的调查结果显示:89%的人希望自己的领导给自己好的评价,只有2%的人认为领导的赞扬无所谓。当被问及为什么工作时,92%的人选择了个人发展的需要。而人的发展需要是全面的，不仅包括物质利益方面，还包括名誉、地位等精神方面。可见员工并不是单纯地为了工作而工作，他们有他们自己的需求。

在单位里，大部分人都能兢兢业业地完成本职工作，每个人都渴望受到上司的重视。这时，如果企业领导能够感受到员工那一颗期待的心，懂得他们的需要，然后给予他们最大的支持和帮助，那么员工的心一定是温暖的，人一定是快乐的，他们会觉得企业是重视自己的，自己是企业里重要的一员，这样一来他们就全心全意为企业奋斗、拼搏了。

三国时期，诸葛亮北伐中原，想要完成刘备统一的希望。在征伐途中，诸葛亮感叹时光荏苒，自己年岁渐高，因此想要寻找一个接班人。

在与魏军交战中，诸葛亮发现了文武双全的姜维，姜维能征善战，还熟读兵法，是一个不可多得的人才。诸葛亮有心收服他，好在自己老时能够继续带领蜀军征战。

诸葛亮很清楚姜维在魏军中地位尴尬，得不到重用。于是决定采用离间之计。本来姜维就被魏军排斥，经过诸葛亮的一番计谋后，不得不另谋出路，但是他仍旧不愿归顺蜀国。

诸葛亮很是不解，后来经过调查才明白，姜维是不愿意抛弃年老的母亲。见此，诸葛亮立即派人去把他的母亲接到了蜀国。

姜维听到诸葛亮接来了自己的母亲，深受感动，在母亲的劝说下最终降服了诸葛亮。从此，为了蜀国的大业而南征北战，做出了巨大的贡献。

诸葛亮明白姜维是个孝顺的人，他离不开自己的母亲，于是诸葛亮就亲自将其母亲接到他的身边，满足了他的要求，他自然感恩，甘愿归顺了。商人应该像诸葛亮一样，尽可能地了解下属的需要，然后尽量满足他，这样他的心中就会充满对你的感激，也就会加倍地辅佐你，帮助你了。

员工跟老板同样是人，老板有更高的追求，员工当然也会有需要了。员工之所以工作是因为他们想要有更好的生活和发展，他们也想要挣更多的钱，有更好的职位，但除此以外，他们更注重对个人荣誉的追求。那些以为员工眼里只有钱的老板是错误的，而总是用高薪来挽留人才而不重视员工需求的老板更是让人觉得悲哀。

企业想要成就一番大业，离不开员工的辅佐。满足员工的需要可以振奋员工的精神，可以让员工为企业的发展贡献更多的力量。只有员工好了，企业才会有发展，有前途。因此，做一个像李嘉诚一样明白员工需求的商人吧，你会发现，这样离成功更近。

给员工改正错误的机会

李嘉诚待人谦和，对下属也很体贴。不过，他看不惯做事马马虎虎，所以有谁在工作中粗心大意，他都会严格指正出来。此外，对那些做错事的人，李嘉诚也会指出对方需要注意的地方，避免以后重复犯错。不过，他也会给对方改正的机会。

一方面给予利益，另一方面"严"字当头，这显示了李嘉诚恩威并济的人才管理手腕。也就是说，李嘉诚善待下属绝不是盲目的，在为他们利益着想的同时，李嘉诚坚持严格要求每个人。

有时候，一些新来的员工作风拖沓，身上有官僚主义的影子，李嘉诚会要求对方立刻改正。他说："我很不喜欢说无聊的话，开会之前，我曾预先几天通知各人准备有关资料。到开会时，他们已经预备了所有的问题，而我自己也准备妥当。所以在大家对答时，不会浪费时间，因为如果你想精简，而你的下属知道你的想法，也就能够作出好的配合，从而提高办事效率。"

一个人会犯错误，就意味着他不是循规蹈矩的人，他敢于接受新事物，敢于挑战未来。身为这种员工的领导者，就应该给予更多的支持，鼓励他从失败的阴影中走出来。

在企业发展的过程中，谈判是很重要的一环。一次，李嘉诚公司里的一个年轻的经理在和外商谈判的过程中，外商的态度非常傲慢，对合同的条款指手画脚，年轻的经理终于忍不住发火，和外商吵了起来，合同也没有谈成。

李嘉诚知道这个事情后，叫人把年轻经理找来。此时年轻经理心想："这次把生意谈砸了，还和客户大吵起来，肯定被李嘉诚痛骂。"走进办公室后，李嘉诚没有一句责备的话，而是对年轻的经理讲了很多谈判时的技巧。然后让这位年轻人重新和外商联系。年轻经理以为听错了，但李嘉诚告诉他："你已经和客户打过交道，对具体的事务也比较了解，没有人比你更适合担任这份工作。"果然，年轻经理汲取上次的教训，没有让李嘉诚失望，成功地与外商签订了协议。

人非圣贤孰能无过，犯错误不要紧，重要的是在错误中学会成长。作为企业的重要管理者，首先要学会的就是对于员工的错误学会包容，帮助他们去改正。有这样一句话，员工是企业内的企业家。与其花费大力气从外面请人，不如从企业内部培养，而这种培养首先就是从允许员工犯错误开始。

其实，作为企业领袖，允许手下的人出现错误不仅仅是一种慷慨大度的表现，更是一种凝聚他人的重要方法。

基辛格是 20 世纪最有声望的外交家之一。他巨大的人格魅力是成为吸引年轻人的关键，也让他成为了美国年轻人的偶像。

一位曾经在他手下工作过的人说："他作为一个领导者，很少发怒，即使在部下犯下很大的错误时也是这样，给予合理的引导，以便从失败中更快走出来，而不是大声的责骂。"

20 世纪 70 年代中期，在基辛格担任国务卿期间，每天有很多事情等着他处理，工作非常紧张。他的秘书自然也非常辛苦，常常是从早忙到晚，丝毫没有休息的时间。有一次，基辛格告诉秘书下班之前要准备好第二天的会议报告，一定要在明天开会之前交给他。但秘书那时已经累得疲惫不堪，把基辛格交代的任务忘得一干二净。直到第二天基辛格向秘书索要报告的时候，秘书才意识到自己犯下了一个多么严重的错误。

秘书站在基辛格面前支支吾吾，不知所云，心想："这次完了，自己肯定会被开除。即使不被开除，也要受到严厉责骂的。"等到基辛格开完会，秘书立刻进到他的办公室，同时双手递上了自己写下的辞职书。

基辛格看到秘书的举动后，非常吃惊地问道："是不是因为今天报告的事情？不要一犯错误就想到辞职，如果所有人都像你一样，犯了错误就走人，那就直接待在家里算了，人总会有犯错的时候嘛。"当着秘书的面，基辛格把辞职书扔进了垃圾桶。

"犯错误不要紧，关键是从中接受教训。我允许我的部下犯错误，但不允许犯同样的错误。"这句话影响了这位秘书整整一生，这句话也是基辛格伟大人格魅力彰显的时刻。

　　对于一个成熟的企业组织而言，员工是组织真正的主人，管理人员都应该清醒地认识到公司最重要的资源是人力资源，因此公司支持员工成功，并为员工创造成功的机会是极其关键的。自然，这里也包括通过犯错来获得管理的进步，而后续的"批评和改进"才会有效地解决大量实际问题。

　　错误并不可怕，可怕的是一再犯同样的错误。重复犯错，是不可饶恕的。管理一个团队，要让每个人避免犯同样的错误，注意从错误中获得成长的机会。

关爱员工像关心家人

　　人是企业的主体，人是管理的主体，人力资源是企业的最大资源，人力资源和人力资源管理是企业管理的核心，企业的生存发展靠员工。当今世界正迈向一个崭新的知识经济时代，知识已成为我们经济社会的第一驱动力，科学技术已成为第一生产力，而企业的员工是知识与技术的重要载体。员工在生产过程中的作用越来越重要，企业的变革、发展、生存愈来愈依赖于企业的人力资源要素，人力资本在企业资本中的主体地位日益显著。所以说，员工是企业的基本，是一个企业发展的活力。

　　富商李嘉诚说过这样一句话："可以毫不夸张地说，一个大企业就像一个大家庭,每一个员工都是家庭的一分子。就凭他们对整个家庭的巨大贡献,他们也实在应该取其所得,可以说,是员工养活了整个公司,公司应该多谢他们才对。"

如果一个企业从不重视员工的利益,只是一味地榨取员工身上的利益,以此来满足企业的发展,时间一久,问题就会接踵而来,进而带来各种麻烦。相反地,成功的商人都会做人,首先体现在他们能够善待自己的员工,善于用好"物质激励"这一招,提升员工的忠诚度。因为他们深知,员工得利,自己才会得利。

惠普公司在创立之初只是依靠着一项技术发明,那么它又是如何从初创时的小公司发展成为现在全球IT产业的巨无霸,惠莱特和普克德的人本主义管理理念绝对是其中的重要原因。

人才是科技型公司的命脉,惠普公司向来重视人才,他们认为人才就是资本。在惠普,惠莱特和普克德在人力资源管理方面做得最多的就是让员工们感受到惠普对于他们每一个人的重视。惠普公司在员工培训时总是不厌其烦地向员工们强调一个观念:你们每一个人都是重要的,你们每个人所从事的每一项工作无论大小,没有任何一项是无关紧要的。

如果惠普把这些话只是停留在口头之上,就不会有现在惠普的发展壮大,惠普公司把自己对员工的言语落实为实实在在的行动。他们除了加强员工对于自己和自己所从事工作的认同感之外,还十分重视员工们的物质利益。

创业之初都是比较困难的,就在这种困难的情况下,惠普就对员工实行一项奖励补偿计划:任何人,如果他能够超额完成工作任务,就可以从公司那里领到丰厚的奖金。

尊重每个员工的尊严和价值是惠普公司始终坚守的信条,在惠普公司,很难见到那些繁文缛节的东西，任何员工的才华都不会被掩饰。在决策上，惠普公司十分鼓励员工的参与，让员工真正感受到自身的价值。

在这种政策下，惠普的员工们能够灵活地用自己认为最好的方法来完成自己手头的工作。这项政策，不但受到了惠普员工们的广泛欢迎，而且极大地提升了惠普公司内部的工作效率。

有一个小故事可以证明惠普公司对于员工的重视程度。

当时，惠莱特和普克德刚刚创立惠普公司，不久，一批军事订货单送上门来了。做企业的人都知道，与军方合作风险极小，此时惠普公司的员工们个个兴奋异常、摩拳擦掌准备大干一番。但令人没有想到的是，惠莱特竟然拒绝接下这份订单。拒绝理由很简单，公司人员不够，如果接下这笔订单，那么公司至少还要再招聘12个人。而现在公司规模尚小，新招聘的员工在做完这笔订单之后就将无事可做，以后的命运只能是被裁员。但在惠莱特心中：公司既然已经聘用了他们，他们就是惠普公司的一员，惠普公司的宗旨是"绝不轻易裁掉任何一个员工"，为了维护自己员工的利益，所以公司只好忍痛，拒绝这份订单。

从商的人应该明白，人才等于钱财，这是许多商人的生意经。"良禽择木而栖，良臣择主而事"，必须为员工提供良好的"福利待遇"，才能留住有才华的骨干，才可能把生意做大。

从长远来考虑，员工和企业是互帮互助的，更是相辅相成的。因此，想要企业的明天更美好，就要让员工更好。同样地，让员工得利，企业也会相应地得利。世界上著名的大企业无不被贴上人性化的标签，他们重视员工的利益，继而给自己带来了更大的利益。

在李嘉诚的公司里，有很多中国人和外国人。他们在李氏企业里已经工作了几十年，而且大多身居要职，肩负着重任。这些人忠心耿耿，贡献着自己的才智，李嘉诚有什么带队伍的法宝呢？

对此，我们可以从李嘉诚的谈话里找到依据。李嘉诚说过："留住员工的办法很简单：作为一个领导，想一想下属最希望的是什么？除了一个相当满意的薪金分红，你还要想想他年纪大时怎么样。员工一辈子在企业中服务，希望最后得到什么，企业主想过吗？这涉及一生的生涯规划，一个家庭的规划。一个5年以上的企业，领导者身旁如果没有一个超过5年的主管跟着他，那可要小心一点了。"

显然，站在员工角度考虑他们的需求，理解他们的追求，并满足这种需求，是李嘉诚留住人心，进而留住人的简单操作手法。也就是说，想让员工踏踏实实工作，一定要给予他们某些东西，这就是"预先取之，必先予之"的智慧。

说得通俗一点，留住员工没有什么诀窍，重要的是注意满足他们的利益，对他们慷慨一些、大方一点儿。成功的商人都有一个共同点——生活中往往很节省，毫不铺张浪费；不过，犒赏员工的时候，他们却出手大方，毫不吝啬。

李嘉诚之所以把企业做得那么成功，不可否认，与他个人的才能有密不可分的关系，但是"一个好汉三个帮，一个篱笆三个桩"，离开企业的员工是万万不行的。妥善处理好员工利益，也是李嘉诚成功的重要秘诀。

让员工把企业当作是自己的家，那么对于企业的发展作用是无可比拟的。要知道，一个人能把企业当成是自己的家，尽一份责任，那将是一笔多大的财富。

员工是企业发展的资本，更是见证老板的前提。只有员工得利，企业才会受益。明智的李嘉诚为企业家们做出了很好的榜样，正是因为他重视每一个员工，关心每一个下属，使得他的员工都甘心为他出力，为企业流汗，这就是李嘉诚能够不断壮大的必备资本。

授人以鱼，不如授之以渔

中国有句古话："授人以鱼，不如授之以渔。"说的是传授给人既有知识，不如传授给人学习知识的方法。这句话是有一定的道理的，鱼是目的，钓鱼是手段，给予一条鱼只是能满足一时的需要，却不能解长久之饥，如果想永远有鱼吃，那就要学会钓鱼的方法，只有学会了钓鱼的方法，鱼才会源源不断。

授人以鱼，只供一餐，授人以渔，可享一生。"鱼"只能满足一时之需，而"渔"却让人有谋生的本钱。如果想永远有鱼吃，那就要学会钓鱼的方法。把这个道理引申到商业领域也是很有意义的。一个企业的基石是员工，员工好企业才能好。作为一名企业领导人，你可能为了留住人才采取加薪等各种办法，但是却忽略了员工对工作、对公司、对自己的前景的兴趣和信心。因此对于企业领导来说，给员工再多的钱不如给人一个好前途。

有一个老汉外出意外身亡，只留下了生前的很多牛羊马匹。老汉有三个儿子，他们商量着怎样分财产。

三个儿子平时都是不吃亏的人，大儿子想要一半的牛和少量的马，二儿子想要牛羊和马各三分之一。二人为此互相指责，谁也不肯让步。

两人吵来吵去也没有解决的办法，没办法只得询问老三的要求，本以为老三也会索要很多牛羊马匹，然而令二人惊讶的是，老三只是摇摇头说："这些牛羊马匹我都不要，你们分了吧。"

二人非常不解老三的做法，好奇地问："这是为什么？你可不要后悔啊！"

老三笑着说："不会的，我不要这些牛羊马匹，但是我要另一样东西。"

"什么东西？"二人急切地问道。

"就是爸爸生前养殖所做的笔记，这些必须全部给我。"

二人顿时长舒一口气，本来以为老三会要什么好东西，原来只是几本快翻烂了的破笔记本而已。想到这里，二人非常痛快地答应了。

就这样，这些牛羊马匹被老大老二平分了，老三只得到了几本笔记本。很多邻居都嘲笑老三傻，老三只是笑而不语。

几年后，老三成了一家养殖场的老总。老大由于养殖技术不熟练，使得很多牛羊都得病死去，老二更惨，他把分得的牛羊马匹全部都卖掉，赚了一大笔钱，他有了这一大笔钱后，每天都大把大把地花钱，最终挥霍一空。

三个人最后的结果大为不同，老大老二虽然得到了很多的牛羊马，但是他们却只能享受一时，却不能受用一世。老三学会了饲养的技术，并把其充分利用，使得自己有了美好的人生。可见掌握真正的技术比享受技术成果要好得多。

现代社会竞争激烈，人与人之间总是会出现剑拔弩张的场景。企业之间同样会有竞争，甚至于如今人才已经成为了各大公司互相争夺的对象。留住人才才会留住企业的明天，留住人才才能留住竞争力。如今的企业留住人才的主要手段就是用高薪来诱惑，这种办法开始时或许是有效的，但是你能给得起高薪，别的公司一样也可以。

李嘉诚是世界知名的大企业家，他把他的成功很大程度上归功于自己的员工。在李嘉诚的公司里上班对员工来说是非常快乐的事情，很多员工甚至以在李嘉诚的公司上班为荣。为什么李嘉诚受到员工如此的爱戴？他究竟用了什么办法让员工对他死心塌地呢？

其实很简单，在一般的公司里，企业会认为高薪是表示对人才重视的重要手段，员工需要的是高薪水、高福利。这在以前是可以的，但是随着经济和社会的发展，人们的要求也越来越高，许多员工越来越重视公司对自己前途的作用。但是这在一般公司是很少被考虑的。然而李嘉诚却非常重视对员工的前途照顾。他相信，领导全心协力投入热诚，是企业最大的推动力。与员工互动沟通，对同事尊重，才可建立团队精神。人才难求，对具备创意、胆识及谨慎态度的同事，应给予良好的报酬和明确的前途。

据香港税务局公布的1999年至2000年度的前10名"打工皇帝"所交纳的薪俸税金额来推算，前10名的"打工皇帝"中，出自李嘉诚旗下企业者就占了4位，长江实业执行董事霍建宁更是名列"打工皇帝"榜首。这些李嘉诚曾经的员工都有了很光明的前途，这与李嘉诚是分不开的。李嘉诚非常明白授人以鱼不如授之以渔的道理，对手下的能力培养非常重视，使得这些人在离开他以后，能够支撑一片天。

李嘉诚对待员工就像对待朋友一样，在生活上尽可能地满足员工，并注意给每个人提供提升的机会，除此之外，李嘉诚还给员工以低价购入长江实业股票的机会，让下属分享公司的利益，从而增强了团队的凝聚力和向心力。

李嘉诚总是会为员工提供职业生涯规划，帮助每个人真正融入企业。他总是尽可能地了解员工的能力、个性、兴趣、动力和个人发展愿望，一方面使组织深入了解员工，另一方面也帮助员工进一步了解自己，从而促进他们的发展。

在李嘉诚的企业里，公司领导会根据员工的个人特征，将个人发展愿望和组织的发展方向相结合。从而使其彻底投入自己的精力、发挥自己的潜能，实现共赢的目标。公司还会帮助他们掌握职业规划的技巧，同时完善了组织的岗位说明书、绩效考核体系、轮岗制度等一系列政策，作为职业规划体系的支持。

李嘉诚这种做法无疑是聪明的，授人以鱼不如授之以渔。与其给员工高薪厚禄，倒不如给他一个向上发展的平台。高薪只是留下了人才，而如果给他一个更好的平台，给他提供一个展示的舞台，那么他就会成长，就会不断地超越自己，这样不但对企业还是对员工都是更加有意义的。

企业的发展离不开员工，员工的进步同样也需要企业，让员工奉献自己的智慧和力量，物质保障是必要的。但是，想要员工更好地为自己服务，最有效的方法则是给他们提供一个发展平台，让员工在企业里找到自己的事业。给予员工现成的生活环境还不如教他们怎么生存。因为现成的生活只能解一时之需，教他们生存却可以让他们创造自己的生活。

人才是企业发展的根本。企业领导人必须了解下属的需要和想法，尽可能地满足他们的物质需求和精神需求，这样才可让他们真正融入团队，才有企业的未来和希望。

任人唯贤，而不要任人唯亲

对于用人，李嘉诚也有自己的原则，他说："我老是在说一句话，亲人并不一定就是亲信。一个人你要跟他相处。日子久了，你觉得他的思路跟你一样，那你就应该可以信任他；你交给他的每一项重要工作，他都会做，这个人就可以做你的亲信。"

当第一代创业者实现了自己的人生价值，回望自己走过艰辛的道路，会有一个重要问题摆在他们的面前，那就是谁能接下手中的摊子，把事业传承下去。

1940 年的冬天，李嘉诚的父亲李云经带着一家人来到香港，投奔内弟庄静庵，希望找到谋生的饭碗。

当时，庄静庵从事手表行业，正考虑由单纯制造表带开始代理瑞士手表。本来，业务扩大能够提供更多的就业机会，但是李云经并没有被安排到企业里上班，只在生活上得到了必要的帮助。

这件事给李云经一家巨大打击，使李嘉诚对人情冷暖有了最真切的体验。许多年后，李嘉诚回忆起这段经历，却十分理解当年舅舅庄静庵的做法："我旗下的企业有 20 多万员工，别说安排一个亲戚，就是安排成百上千人也不成问题。但是，让熟人、亲戚在企业里工作，却要慎之又慎。"

在许多人眼中,"父业子承"乃天经地义,就连古代都有着传承多年的世袭制。利用改革开放契机获得成功的首批中国民营企业创业者,大都年近暮年,他们辛苦创建的基业由谁来继续经营?民营企业经营权传递问题已到紧要关头。中国90%以上的企业缺乏明确的经营权传递计划和科学的接班人培养机制,没有形成人才梯队,导致需要有人接班经营时"青黄不接"。当然,多数人认为自己一手创办的企业一定要留给亲人。然而,李嘉诚却打破了这一传统观念,在李嘉诚看来,事业未必非要传给亲人。

对于任何一家家族企业而言,不可避免会由家族成员担任要职。问题在于,许多人容易轻信家人,甚至纵容他们突破公司规章制度,随意对经营中的各个环节指手画脚,这就有麻烦了。

其实,无论自己人,还是外人,用谁不是问题,关键在于要有才干、值得信赖,大家团结一心,能把生意做好。李嘉诚的谨慎,显示了他在经营管理中理性的一面。以审慎的态度对待在公司任职的亲人、熟人,不难做到。首先要在工作中按规矩办事,不能因为是自己人就乱了章法。其次,凡事要以生意为重,坚持公平、公正的原则,着眼长远,不把感情放到工作中来。

20世纪80年代内地开放后,不少潮州老家的侄辈亲友要求来李嘉诚的公司做事,遭到婉拒。现在虽然在长实有李嘉诚的亲戚,更有他的老乡。但他们都没因这层关系而获得任何特殊照顾。而且得到李嘉诚重用和擢升的,大部分不是他的老乡,其中相当一部分是外国人。

今天,许多公司都是家族企业的运作模式。在这些组织里,老板的亲戚、朋友往往占据公司关键位置。不可否认的是,亲属当中也有很多德才兼备的人,但是那些不自爱的亲属,仗着和老板的亲密关系破坏公司的秩序和制度,不好好地办事,就值得商榷了。对待这样的亲人、熟人,经营者要权衡利弊,妥当安排。

家族企业里，一些老板觉得亲戚是"自己人"，好办事，会格外恩恤，给予利益而不觉肉痛，放任大权而不加约束。但是，如果对亲人、亲戚过于重用，这种感情高过公司制度，甚至超过了公司的利益。就会破坏生意，无异于自掘坟墓。

按照习惯，人们选择亲信喜欢在"同乡"、"同学"、"同宗"、"同门"、"过去老同事"等"同"字辈中进行。一些私营公司则受到家族背景的影响，在亲人中培养得力亲信。但是，亲人未必是亲信，李嘉诚说："如果你任人唯亲的话，那么企业就一定会受到挫败。在我两个儿子加入公司前，我的公司内并没有聘用亲属，我认为，亲人并不一定就是亲信。"

比如，李嘉诚支持袁天凡，就是从家族外部成员中培养亲信的例子。善于发现优秀人才，为我所用，李嘉诚因此缔造了庞大的商业帝国，表现出强劲的竞争力。

李嘉诚认为"唯亲是用，必损事业"，许多家族式管理习惯采用这种方法，限制了企业发展壮大。为此，他大胆聘用"贤人"，不在乎对方的"外人"身份，努力在企业内部营造融洽的工作环境。

此外，李嘉诚还以自己的言行为公司上下树立了榜样，达到了亲身教化的目的。从企业的创建历史来看，李嘉诚的企业无疑是一种典型的家族性企业，然而，作为家族式企业管理者的李嘉诚却采用了一种非家族式的管理模式。李嘉诚摒弃家族式管理，而采取将中西方的优点长处糅合在一起的管理机制，努力做到任人唯贤，这是他事业成功的关键。

李嘉诚这样认为：知人善任，大多数人都会有部分的长处，部分的短处，各尽所能，各得所需，以量才而用为原则。打下江山靠胆，守住江山靠脑，传下万年基业靠心,商人在传业时一定要学习李嘉诚的慎重,事业未必非得传给亲人。

事业未必非要传给亲人,在当今飞速发展的商业社会更应如此,谁有才能就用谁,这才是用人之道。摒弃封建思想,为企业的发展着想,不拘泥于自身的小得失,才是管理之道。事业为本,人才为重。事人相宜是事业传承的重要原则,李嘉诚的明智做法值得商人们效仿。

领导者也要养成好习惯

性格是可以通过后天培养的。很多人在失败的时候都会说一句话:我的性格不适合从商。其实,这只是为自己找的一个借口。没有人天生适合做商人,李嘉诚在年轻的时候是一个比较内向的人,但推销的经历让他改变了自己,也改变了自己的命运。经商的过程中,一个人的命运,或者他所能够达到的高度,其实就是很小的事情决定的,比如性格,比如习惯。

一个人的性格有很多种,还有人为此列举了适合经商的必备性格。在商场成功的人中,你可以看到夸夸其谈的活跃分子,也可以看到沉默不语的实干家;你可以看到经常粗心忘事的马大哈,也可以看到心细如发的精明人。这些性格不一的人都能够按照自己的性格创造出自己的人生天地,除了性格因素之外,另一个比较大的影响因素就是习惯。

一个人的习惯是一个人行动力的体现，一个人的习惯也是决定一个人高度的重要手段。很多人知道，李嘉诚事业的起点是从卖塑胶花开始的，但很少人知道，他的这个商机就是来源于睡觉前看杂志的习惯。一个良好的习惯，带来的不仅仅是简单的改变，更是能让人生登上另外一个高度的阶梯。

也许很多人不知道陶华碧是谁，但很多人都知道她的另外一个名字——老干妈。她可以称得上是全国富豪中文化程度最低的企业掌门人，那么她是依靠什么来管理这么大的企业呢？答案就是习惯。

陶华碧在制定最初的规章制定的时候，就把"亲情化管理"当作了重要方式。在员工的福利待遇上，陶华碧考虑到公司地处偏远的情况，为了解决员工吃饭和住宿的问题，她毅然决定所有的员工一律包吃包住。从最开始的几十个人发展到现在的1300多人，这个规矩直到现在还在执行着。

在公司的1000多名员工中，她能够叫出60%的人名。在每个员工生日的时候，员工都能收到陶华碧送出的生日礼物和一碗加了两个荷包蛋的长寿面。在每个员工结婚的时候，陶华碧必定要亲自充当证婚人。在员工出差的时候，陶华碧就像送儿女远行的老妈妈一样，亲手为他们煮上几个鸡蛋……所以，现如今，在陶华碧的整个公司里，没有人叫她董事长，所有人都亲切地称呼她为"老干妈"。

这种依靠亲情化、习惯化的管理方式，凭借着最为朴素和真实的情感，凭借着企业家的直觉，陶华碧一直在践行着这个道理。她那套在外人看来很土的规章制度，却是提升员工积极性的重要纽带，哪怕是企业不断走向现代化，对员工的关心依然是企业立命的根本。

习惯是日积月累养成的行为准则，当一个企业家的习惯被外人看出来后，他们会很快地根据这个人的习惯来对他做出评价。在有些场所，一个微小的举动也许可以成就一大笔财富，一个微小的不良举动也可能毁掉一个人的前途。

在这个社会中，一个人的影响力依然还是很大的。尤其是对于一个商人来讲，领导者的性格决定着一个企业的性格，领导者的习惯决定着一个企业的高度。这是一个企业家的荣耀，也是企业家的责任。所以，从现在起，改变不良习惯，改善个人的性格，用一个成功商人的标准来要求自己。用不了多久，你也许也即将跨入成功者的行列。

第10堂课

教育理念：
严而有格、爱而不溺

李嘉诚说过：
"作为父母，让孩子在十五六岁就远离家乡，
远离亲人，只身到外面去求学深造，
当然是有些于心不忍，但是为了他们的将来，
就是再不忍心也要忍心。"
无论在外面如何叱咤风云，
他在家里也只是一个渴望孩子成才的普通父亲。
想要让孩子成才，
严而有格、爱而不溺是最好的教育原则。

让孩子亲身体会父母的艰辛

俗语说："创业难，守业更难。"任何一份伟业都不是一朝一夕能成就的。创业需要前辈前赴后继，呕心沥血的打拼，守业需要后辈开拓创新，继往开来的努力。千秋伟业的成就靠的是前辈与后生思维碰撞的火花，智慧成果的积淀。创业固然艰难，守业更加不易。创业靠的是勇气，守业靠的是智慧。这一亘古不变的道理在商人身上更是体现得淋漓尽致。成功的商人必然是勇者和智者的完美融合，既要有创业的魄力，更要有守业的毅力。

李嘉诚的创业史可谓历经曲折。从塑料玩具厂的总经理到创办自己的"长江塑胶厂"，从介入地产市场到"长江实业"上市，从收购英资商行到购入赫斯基石油逾半数权益，李嘉诚一步步慢慢完成了从一个穷孩子到华人首富的华丽转身。李嘉诚的创业史可谓为人称道，但是，一个成功的商人不只是会创业，还要能守业。聪明的李嘉诚用自己的实际行动诠释了"创业难，守业更加不易"这一深刻道理。

在香港地区，富不过三代的看法很流行：第一代人创业，第二代人守业，第三代人挥霍。民间也流传着"富不过三代"的警语，所谓"君子之泽，五世而斩；富贵之家，三代其衰"。不过，李嘉诚否定了这个说法。

有一次，李嘉诚与香港中文大学行政人员、工商管理硕士座谈领袖之道时说:"我昨天刚与一欧洲著名家族成员吃午饭。他们已经有五代的成功历史,十分有修养、有礼貌。中国有句老话'富不过三代'。但今天的教育、组织不同,令事业可以继续。相信这句话日后将会修正。正如这个欧洲家族今天的事业比过去任何一代都好。"其实,一直以来,李嘉诚都在朝着这个方向努力。

李嘉诚对自己的两个儿子李泽钜、李泽楷从小就寄予了很大的希望。他坚信自己的两个儿子能够继承家族的生意。"'泽'这个字是我们家族的辈序,我替他们取名时,希望他们能做到钜大,足作楷模。"李嘉诚坚信,教孩子学会做人、学会与人相处是家庭教育最重要的内容。

在两个儿子还很小的时候,李嘉诚就常常带他们去看外面社会的艰辛,带他们坐电车,在路边报摊看小女孩一边读报纸一边温习功课的那种苦学态度。李嘉诚的家庭教育与其子的成功有着密不可分的联系。李泽钜、李泽楷八九岁时,即被安排在公司董事会上,静坐一旁,作为学校之外的另一项重要课程。两兄弟念中学时,李嘉诚就带他们到公司开会。那时起,童年无忧的李家兄弟,就算想扭作一团嬉戏玩乐,在严肃的会议室内,在严父和严师跟前,也只好乖乖地正襟危坐。李嘉诚说道:"带他们到公司开会,不是教他们做生意,而是让他们知道,做生意不是简单的事情,要花很多心血,开很多会议,才能成事。"

幼年的李泽钜曾在李嘉诚的耳提面命下,目睹父亲"全凭一张嘴搞定"一单单大生意,而不用签一个字的合同。李嘉诚并不计较孩子听懂了什么,重要的是商业氛围的熏陶。让李嘉诚高兴的是,自己的两个儿子已经完全成为老练的商人了。

李嘉诚的两个儿子,在商界依靠自己的力量依然取得了非凡的成就,而这其中李嘉诚的教育起到了决定性作用。良好的家庭教育使李氏兄弟能够把从父亲手中接下来的事业做得更大更好。李嘉诚不仅是一位成功的商人，更是一位成功的父亲，他深知"授人以鱼，不如授之以渔"，他教会了两个儿子生存之道，同时，也为自己的事业培养出了合格的接班人，一举两得的行事策略，李嘉诚的精明可窥豹一斑。

李嘉诚深知，自己总有老去的一天，打拼下来的江山不能白白荒废，对于守业，李嘉诚自然知道其中的艰辛，更知道自己的经验是不会通过遗传让守业者掌握的，所以李嘉诚聪明地为基业培养合格的守业者。目光放得长远，这也是李嘉诚之所以为李嘉诚。

纵观历史，也不乏先辈挥汗如雨打拼创业，而后代轻而易举将江山拱手让人的例子。

三国时期蜀汉开国皇帝刘备，戎马一生，终于建立了西蜀国，虽然没有完成统一大业，却也成为了一方的霸主。创业艰难百战多，守业更难。英雄的悲哀往往是他的一世霸业，在死后没有能发展下去，或没有守业的后人。

我们不得不承认刘备长于任贤，但却短于教子。刘备之子阿斗，于刘备去世后继位成为蜀国皇帝。刘禅初为皇帝时，对诸葛亮充分信任，军国大事全权委任于诸葛亮，但后期越发听信谗言，干涉诸葛亮的军政方针，使得诸葛亮一次次北伐无功而返。诸葛亮、蒋琬等贤臣相继去世后，刘禅自身无力把持国政，宦官黄皓开始专权，迫使姜维外出屯田避乱，蜀国逐渐衰败。后魏国大举伐蜀，刘禅投降。也有了后人对刘阿斗"乐不思蜀"的嘲讽。刘备托孤诸葛，诸葛一死，蜀亡于晋。这一结局是必然的。刘备只注重了创业，忽略了对儿子刘禅的培养，以致千秋伟业，功亏一篑。

一代枭雄曹操也面临后继乏人的尴尬境地，孙权大败曹军却赢得曹操尊重,令曹操发出"生子当如孙仲谋"的感慨。宋辛弃疾有词《南乡子·登京口北固亭有怀》:"年少万兜鍪,坐断东南战未休。天下英雄谁敌手?曹刘,生子当如孙仲谋。"可见在先驱者眼中,守业比创业难。正如歌词里所唱"万里江山千钧胆,守业更比创业难"。创业可以靠勇气、靠胆量,而守业更需智慧和魄力。

政道上如此,商道上更是如此,成功的企业家无一不是既能创业又能守业的高手。

冷静下来思考,以年龄计,香港家族企业的财富巨子确实"老"了。商场上许多成功的父辈一般属于40后、50后、60后,他们用自己的勤劳和智慧积累了不错的家底,但是,他们终有老去的一天。更为要命的是,"二代富豪"虽然多经提携,但是否堪当大任,怀疑之声不绝于耳。父辈们眼看着家底慢慢殷实,自己的子女却堕落了,饭来张口、衣来伸手的安逸生活使他们不知道珍惜拥有的一切,"创业维艰,奋斗以成"的美德似乎正在从他们身上消亡。李嘉诚深知"守业之艰",让儿子从基层职员做起,经受磨炼,一步步传承自己的事业。

李嘉诚一直认为,每一次成功的商业交易之后总会伴有重大危机的到来。所以,他从不躺在过去的成绩上自我陶醉。与他相比,有些企业家最大的缺点就是在经营过程中因为过往成就而沾沾自喜,自我陶醉,最终冲昏了头脑,倒在了危机四伏的商场中。只会创业,不能守业。创业是一种才能,守业是一种素质。但这种素质不是天生就有的,李嘉诚就是在自己的创业并守业的过程中逐渐积累了这种素质和经验。

接好父辈留下的财富,把家族企业顺利地发展下去,这才是一个守业者应该去做的事情。没有经历创业艰难的"富二代"再不会守业的话,只能骄奢挥霍。长此下去，受害的不止是孩子自己，我们整个社会的发展都会滞后。要知道，家长为孩子创造的良好的物质条件并不是永久性的，只有学来的真本事才能使孩子在这个瞬息万变的社会中立于不败之地。否则，坐吃山空，只会利用累积下来的财富，而不去想创造新的财富，只能被这个社会所淘汰。

要知创业难，守业更非易事。在这个瞬息万变的商业社会，家长们应该向商人李嘉诚学习，给孩子自信，给孩子战胜困难的勇气。不经风雨，难得见彩虹；不受磨炼，难以成栋梁。

保持勤俭、低调的家风

节俭是中华民族的传统美德，"历览前贤国与家，成由勤俭败由奢"，老祖宗给我们的教诲，我们铭记在心。"以艰苦奋斗为荣，以骄奢淫逸为耻"的现代社会主义荣辱观更是教导我们发扬传统美德，戒奢从简。所谓"静以修身，俭以养德"，勤俭是一切美德之源。

清末中兴之臣曾国藩曾经说过："勤俭自持，可以处乐，可以俭约"，"无论是大家还是小家，士农工商，勤俭节约，未有不兴，骄奢倦怠未有不败"。当今社会，"二代"们越来越引起社会的广泛关注。许多有权或有钱抑或有名的"二代"过着奢华浪费的生活。有多少富豪奢靡浪费致使万贯家产挥霍一空，又有多少商人能真正做到勤俭自持呢。由俭入奢易，由奢入俭难。

在商业领域这一道理更是体现得极为明显，华人首富李嘉诚对孩子的教育值得大家学习，用他自己的话来说："以'贱'为本，才能维持长久的富贵；以'下'为基础，才能长久高高在上。家业兴旺的前提是，要保持勤俭、低调的作风。"

李嘉诚是个节俭的人，他凡事亲力亲为，从不夸耀自己的财富，言行低调，李嘉诚对自己的衣着从来都不怎么讲究，平日所穿的都不是什么名牌衣服，皮鞋坏了，他觉得扔掉太可惜了，补一补后照样穿，一件公文包用了二十多年，破损了仍不忍丢弃，而一套西装穿个十年八年对他来说更是平常事。甚至能代表富豪身份的名贵手表，他都一概不爱，平日只戴电子手表。

李嘉诚的戒奢就简为儿子树立了良好的榜样。李嘉诚对两个儿子的培养教育抓得很早，他深知优越的家庭条件并非全是好事。他在给予儿子良好教育的同时，又不忘对其进行磨炼，培养他们的自立能力，培养其节俭的美德。他要求儿子生活上克勤克俭，不求奢华。孩子上下学都是挤公交车。

李嘉诚对孩子的零花钱有着非常严格的控制，李嘉诚每次给孩子零花钱时，都是先按10%的比例扣下一部分，名为所得税，他鼓励孩子勤工俭学自己挣零花钱。当孩子在外地读书时，李嘉诚给他们开了两个银行账户，其中一个账户上的钱他们绝对不能动用，这些是准备给他们完成博士课程的费用。如果要使用另一个账户的钱，他们必须写信给李嘉诚报告，他会在24小时内回复。后来因为他们功课太多，才接受他们要求改用电话说明。

这样也培养了孩子良好的自立能力，培养了孩子节俭的品质，知道财富来之不易，会加倍珍惜，学会一丝不苟、当家理财的身手，李嘉诚"穷养"孩子的做法很值得提倡。

诚然，李嘉诚的财富并不是单靠节俭就能积攒起来的，更多的是靠辛勤工作、诚实经商赚来的，但我们仍然不能排除节俭在财富积累上的重要作用。李嘉诚的这种教育子女的方法收到了很好的效果。

李泽楷在美国读书的时候，李嘉诚给儿子寄去足够生活无忧的生活费，但因李泽楷自幼受父亲"自立创业"思想的熏陶，加之美国青年独立思潮的影响，他总希望可以自己赚钱，自食其力。为了能够独立生活，李泽楷瞒着父母，放学后跑到附近的麦当劳餐厅当兼职，做一个最底层的收款员。

他曾在麦当劳卖过汉堡，在高尔夫球场做过球童。"由于要背负高尔夫球棒，以致弄伤了肩胛骨，直至现在，伤患还会时常发作。"为了省钱，他还经常自己下厨，炒鸡蛋就是那时学会的。虽然生活很难，但他仍坚持下来。李泽楷曾经形容初到美国的那段日子"好像在地狱一样"。李嘉诚去看儿子，发现泽楷假日在网球场拾球赚钱。李嘉诚回港后对夫人庄月明高兴地说道："泽楷学会了勤工俭学，将来准有出息。"

许多富豪们十分注重子女的理财教育，由于这些含着"金汤匙"出生的后代将会继承庞大资产，面对巨额的财富，他们需求有过人的财商和聪慧，除此之外，还要能勤俭持家，能守得住家业，因此许多富豪们都有教育孩子的独家秘诀。不过不管怎样，成功的"富二代"们无一不是从小就被灌输节俭理念的。这不仅是处世之道，更是经商之道。

洛克菲勒家族是世界上第一个拥有10亿元财富的美国富豪，尽管富甲天下，但他们从不在金钱上放任孩子。洛克菲勒家族认为，富裕家庭的子女比普通人家的子女更容易受物质的诱惑。所以他们对后代的要求比寻常人家反而更加严格。

按一般人想法，他的子女应该是过着"人上人"的生活。但恰恰相反，在洛克菲勒的家中,没有什么娱乐设施,没有网球场,没有棒球场,孩子们的穿着同雇工们一样是普通服装,玩具也是洛克菲勒自己动手做的。孩子们的零用钱按年龄段发放,10 岁之前每周三毛钱,10 岁之后每周一元钱,12 岁以上每周两元钱,每周发放一次,并且规定所用零花钱的支出都要做详细记录,如果是不正当开支,在下一次发放时要予以适当扣除。

除此之外,他还鼓励孩子们参加劳动(如搞卫生、擦皮鞋等),以此来获得额外的补贴。这种做法在一般人看来极为苛刻甚至无法理解,但洛克菲勒正是通过这种办法,使孩子从小养成不乱花钱的习惯,学会精打细算、当家理财的本领。他们的后人成年后都成了企业经营的能手。正是有了这种良好的家传作风,才使洛克菲勒家族一百多年来长盛不衰。

设想,假如洛克菲勒对孩子放任自流,任其挥霍,那么他一手打下来的江山很可能难被保住,甚至可能被挥霍一空。

古时,商纣王用象牙筷子、玉制杯碗,修造酒池肉林,狂饮作乐。随着他的暴虐昏庸、挥霍无度,商王朝很快灭亡了。现如今,多少人在灯红酒绿、纸醉金迷、竞豪夸富、骄奢淫逸中迷失了方向、迷失了自我,堕落于万劫不复之境地。"成由勤俭败由奢"的古训再一次得到验证。

这个道理在商场上同样说得通,艰苦奋斗要从小孩抓起。有些为人父母者因为生活富裕,忘记了前辈或自己艰苦创业的过程,乱挥霍财富。不仅自己这一代容易奢极败落,而且对下一代也造成不良影响。目前"四二一"家庭模式渐渐多起来,小孩子除了父辈疼爱,还有祖辈宠爱,从小没有艰苦朴素的理念,而且还容易养成自私、霸道的坏习惯。由此成长起来的 "奢二代"很是令人担忧。

穷也好,富也罢,财富都是靠双手创造出来的,社会的发展靠的应该是

"俭二代",而最能为社会以后的发展做出贡献的应该就是家长了,正确教育子女,我们可以不是富豪,但是完全可以学习富豪的教子之道。在这个瞬息万变的商业社会,不管有多少财富,只有戒奢从简才是以不变应万变的不二法门。

先学为人处世,再教生意经

"世事洞察皆学问,人情练达即文章。"教育的根本在于如何教会孩子做人。然而很多教育工作者却忽略了教育的本质,舍本逐末,一味追求"高分数"、"高学历"。这样培养出了一批只看重分数却忽略自身修养的孩子。这个社会也越来越趋向于拿分数作为评判人才与否的唯一标准。殊不知,在这个商业社会,应该先学做人,再学做事。会做人,才会做事,才能成就大事业。不会做人的人,事情也做不好,当然,经商也就无从谈起。

简单地说,当你去找生意来做时,生意往往是比较难的,当生意找到你的时候,生意就变得好做了。

让我们看看李嘉诚的教子之道。李嘉诚说"以往我是百分之九十九教孩子做人的道理,现在有时会与他们谈生意……大约三分之一谈生意,三分之二教他们做人的道理。因为世情才是大学问"。李嘉诚坚信,教孩子学会做人、学会与人相处是家庭教育最重要的内容。

如何教育子女,李嘉诚颇有心得:"他们一定要听我讲话。我带着书本,是文言文那种，解释给他们听，然后问他们问题。我想当时他们亦未必能懂，但那些是中国人最宝贵的经验和做人的宗旨。所以李泽钜和李泽楷从小就接受父亲这样的教育——要真正做一个好人、做一个正直的人，然后才是做一个成功的人。做正直的人必须不贪图小利，多为别人着想，而做一个成功的人，必须勤奋努力，诚实守信。"

李嘉诚经常把悟出的人生道理讲给儿子听。李嘉诚最常给孩子们讲到的，仍然是他的那种为人处世中的中国古代哲学思想。可以说，从李泽钜、李泽楷出生到长大成人，李嘉诚对他们教得最多的是怎样做人，怎样从古代圣贤的著作中吸收做人的营养。

李嘉诚从小就让他们接受苦难教育，并且培养他们的理财意识，教导他们节俭。让孩子成为挑重担的人，最重要的是有志气，首先是成为一个合格的人，其次才是经商知识的学习。牢记一点，做人永远比做事更重要。

作为企业家，每时每刻都在与人打交道，注意他人怎么想，为什么这样想，以及将来做什么，都是日常工作中的一种必要。李嘉诚对孩子们说："工商管理方面要学西方的科学管理知识，但在个人为人处世方面，则要学中国古代哲学思想。不断修身养性，以谦虚的态度为人处世，以勤劳、忍耐和永恒的意志作为进取人生的战略。"

在对儿子日常的教育中，李嘉诚将做一个好人，做一个正直的人的思想潜移默化地灌输到了儿子们的思想中。为了着力培养孩子们的这种美德，李嘉诚不只是说说而已，还在生活中要求他们从点滴做起，做个真正的良善之人。

只做一个正直善良的人是不够的，就如同所有的中国父母一样，李嘉诚作为一个成功的大企业家、大富豪，当然也希望自己的两个儿子是一个成功的人。而想要成为一个成功的人，首先要学会的就是教会孩子正确的处世哲学。

李嘉诚并没有急于教孩子如何经商，如何赚大钱，如何成就大业，而是从最基本的做人的道理教起，因为他知道一个成功的商人必定是一个会做人的人。只有从基础开始，一步步慢慢做好，才有可能成为商业上的能手。如果连做人的道理都不懂，就开始谈经商，简直是奢谈。

李嘉诚常常教育两个儿子，要想成功，在其他所有基础条件齐备的时候，就必须要注意考虑对方的利益，不要占任何人的便宜。为了让儿子们真正明白这些做人的道理，李嘉诚对这方面的教育很早。

有一次，香港地区刮台风，李嘉诚家门前的大树被刮倒了，李嘉诚看到两个菲律宾工人在风雨中锯树，马上把儿子从床上喊了起来，指着窗外的工人说："他们背井离乡从菲律宾来到香港工作，多辛苦，你们去帮帮他们吧。"李泽钜和李泽楷马上穿上衣服走进了风雨，而这时的李嘉诚在他们身后绽开了笑容。

在教育子女方面，李嘉诚要求儿子生活上克勤克俭，不求奢华；事业上注重名誉，信守诺言。他特别教导儿子要考虑对方的利益，不要占任何人的便宜，要努力工作。如今，李氏兄弟在香港商界秉承其父风范，做事稳健，同时又表现出新一代的特点。他们喜欢从事有创意、富挑战性的工作，遇到困难则显出潇洒自如、知难而进的从容风度。这与李嘉诚的苦心教导是分不开的。

现如今，很多家长对孩子的期望值都很高，要求孩子学很多的特长，却忽视了对孩子最基本也是最重要的教育——教孩子做人的道理。即使特长再多，能力再高，而如果没有人性的话，也不会是人人喜欢的天使，而是让别人恐惧的魔鬼。

　　孩子是未来社会的主人，主人就需要有责任感。如果父母只重视孩子的能力培养，而忽视对其做人的教育，那么孩子就不会懂得感恩，更不会成为一个合格的人。

　　因此，家长应该重视对孩子的教育，让其学会如何做人，只有这样，他才会为世界做出贡献。只有这样，才能适应瞬息万变的商业社会，才能在商业领域立于不败之地，才能在商海中勇敢地搏击风浪，激流勇进，展翅高飞。李嘉诚为我们做出了榜样，教孩子，先教做人的道理。

温暖的爱和良好的教育

　　家，多么温馨的字眼，提起它，每个人心中都涌荡着一股爱的暖流。没有家庭的温暖，生命的天空就没有色彩；没有家庭的温暖，就如同花草没有阳光、小鸟没有翅膀。家庭的温暖是从心灵内部迸发出激励我们发挥无穷智慧和潜力的力量，家庭的温暖是不论面对任何艰难困境都能催生我们乐观斗志和顽强毅力的支柱，家庭的温暖是让我们永远保持积极健康的姿态去审视和拥抱人生的珍贵品质。

　　一个人可以没有显赫的地位，可以没有万贯的家产，但不能没有家庭的温暖。家庭的温暖有时比能力的培养更为重要。家庭的温暖对一个人的成功有着不可忽视的作用。一个会创造财富的人必定是一个有家庭温暖的人，家庭的温暖鼓励其不断前进，不断制造更多的财富来回报家庭，回报社会，感恩一切。一个温馨的家庭是一个人事业发展的坚强后盾。华人首富李嘉诚用行动证明了这一点。他认为，首先应该使孩子感到家庭的温暖，感觉到父亲和母亲无微不至的关怀与爱心；其次，是要让孩子得到最好的教育。

在孩子的成长过程中，李嘉诚适时给予孩子温暖和鼓励，给予其必要的意见，给予他们磨砺的机会，同时又尊重孩子的选择，他非常注重对孩子人格与品性的培养。李嘉诚坚信，教孩子学会做人，学会与人相处是家庭教育最重要的内容。

李嘉诚说："作为父母，让孩子们在十五六岁时就远离家乡，远离亲人，当然有些于心不忍，但是为了他们的将来，就要忍心。不管你拥有多少家财，对于孩子，应该从小培养他们独立自强的能力，特别不能让他们养成娇生惯养、任意挥霍的生活习惯。"17岁时，李泽楷进入大哥就读的美国斯坦福大学，专修自己喜欢的电脑工程。这显然不是父亲的意思。李泽钜听从父亲的安排，念土木工程系。若从家族事业考虑，李泽楷应读商科、法律等适宜管理综合企业的专业，并与李泽钜的建筑专业互补相辅。但李嘉诚尊重小儿子的选择。1990年母亲病逝，李泽楷回港奔丧时听从父亲的规劝，答应留在香港帮父亲打理家族产业。

1990年6月，年仅24岁的李泽楷，以和黄集团资金管理委员会董事经理的身份宣布：和黄考虑发展卫星电视，初步投资4亿美元。当时有不少知名人士对此不予看好，认为这是李嘉诚爱子情切的举动，李泽楷不理会社会上的种种议论，在陈庆祥的辅佐下，指挥若定，全然像一位经验丰富的行家里手,得到业界前辈的首肯。李嘉诚从不强迫孩子要怎样怎样,只是一直在用温暖和鼓励教育孩子。李嘉诚没有给他们"足够"的金钱,实际上是在磨炼他们的生存能力。专业知识的学习,以及在接触社会中学到的经验,让李泽楷兄弟迅速在商界脱颖而出,赢得了许多美誉。

李嘉诚注重家庭的培养教育,言传身教的力量是伟大的,温暖的家庭为一个人的成长奠定了良好的基础,同时,反过来,个人的成功也能更好地促进家庭的和谐,构成良性循环。这种良性循环扩大开来,会有利于社会的发展,有利于经济的发展。

使用暴力对待孩子,过分强调IQ的教育是本末倒置的,一个人的成功不取决于他的IQ,取决于社会情绪能力。IQ只能决定一个人在什么领域成功;而"社会情绪能力",是一个人能不能有道德的基础,决定人是否能健康生存、融入社会、合作利他等。缺乏后者,任何人在任何岗位上都不会成功。虎妈和狼爸这种所谓的成功教育,完全忽视了人最根本的道德教育,只是一种功利性教育,忽略了人性深处的爱与温暖,只能说是一种扭曲的教育。这种"咆哮教育",是对孩子严重的摧残,不利于孩子身心的发展。

孩子能够从家庭里得到温暖,就会感到满足和快乐,他们对世界的理解和看法就会充满积极、乐观,即使遇到困难也会勇敢面对。任何时候,爱都是理解一切的基础。

人才是培养出来的,而一个人的生活环境与家庭教育对于他的未来发展是非常重要的,这种影响深刻作用于他的性格形成,以及日后的事业发展。

谈到教育,人们首先想到的是学校教育,而忽视了家庭教育的功能。事实上,家庭带给孩子的影响远远超过学校教育。特别是在孩子早期教育上,家庭可以影响孩子一生的命运。

　　温暖的家庭教育给予一个人健全的人格和搏击风浪的勇气。设想，假如一个人的人格都不健全，又何谈能力的培养？所以，家庭的温暖比能力的培养显得更为重要。家庭的温暖可以给予一个人内心强大的力量，鼓励其勇敢去闯荡，去打拼，去开创事业，去积累财富。而这样的力量，远非单纯的能力培养所能给予的。这一点，家长们应该向华人首富李嘉诚学习，注重家庭教育对孩子的影响，用足够的家庭温暖给予孩子成长的力量，用支持与尊重为孩子构建一方天堂。只有这样，孩子才能带着阳光般的积极的心态去梦去拼去闯，去书写一个又一个奇迹，创造一笔又一笔财富。

有一种爱叫放手

　　傲立悬崖的孤松，在寒风中它的干岿然不动，那是由于它从巨石中探出身体的时候，已经饱受了苦难的摧残。蹁跹飞舞的蝴蝶，在阳光下它的双翅那么雄健，那是由于破茧而出的时候，它用尽了一生的力气把体液挤往双翅，它们都在"放飞"的过程中得到了重生。

　　让我们看看老鹰是如何训练小鹰的。

　　老鹰为了要保护小鹰，就在高处筑巢，鹰的巢窝多半筑在悬崖绝壁之处。老鹰有一个训练小鹰的绝招，小鹰刚生出来很胆怯，虽然有翅膀却不敢飞，当看到小鹰的羽毛渐渐丰满，老鹰就开始了训练它的计划。

老鹰知道小鹰在温暖而舒适的巢窝中安稳地被喂养大，非常满足窝巢的生活，可是如果长期这样，小鹰就永远不会飞。

老鹰为了教小鹰学习飞行就搅动巢窝，老鹰会逐步丢弃巢中的羽毛、茅草、小树枝，让巢窝变得越来越不舒服，小鹰只好学习如何去飞行。当小鹰往下坠落时，它们能飞的本能就显现出来，它们的翅膀会自动扇动。如果小鹰飞行不稳会掉在地上，老鹰就在一旁注意观察，当小鹰快掉到地上之前，老鹰就赶紧飞近小鹰，伸展两翅接取小鹰，放回巢窝。然后再搅动巢窝，再扇翅，再接回，周而复始，直到小鹰学会飞行为止。小鹰必须经过不断地挣扎、摔跤，才能强壮起来，成为能高飞的雄鹰。

我们不能否认，老鹰是爱小鹰的，虽然这种爱，在我们看来，有些残酷，但老鹰比我们更懂得，怎样才能教会孩子生存之道，怎样才能让小鹰更高傲地飞翔。鹰妈妈知道，放飞孩子，是为了孩子能更好地飞翔。束缚不是爱，而是一种伤害。

孩子是家长的掌中宝，心头肉，尤其是对于长期在商场打拼的人来说，家长们更是给予他们无限关怀与爱护。但是，这样炽热的爱是否一定有利于孩子的发展，值得我们思考。其实更多的时候，孩子更像家长手中的风筝，越是抓得紧，就越难高飞。

有一种爱叫作放手，放飞孩子，不是不加管教，不是放任自流，而是给予孩子足够的信任，给予其足够的自我发挥空间，放飞孩子是为了他们的将来。一个事业有成的人必然是一个敢于闯荡的人，绝对不是畏首畏尾，生长在温室里的花朵。

李嘉诚，完全有能力把孩子捧在掌心里，为孩子铺垫好一片光明的未来，但他没有这样做，因为他深知，只有放飞孩子，他们才会有更美好的未来。

从初中开始，李嘉诚的大儿子李泽钜便被送到加拿大读书，开始一段离家独立求学的生活。在外苦学多年，李泽钜获得了土木工程学士、结构工程硕士、建筑管理硕士三项学位。期间，他不仅具备了相当的专业知识，更在独立生活中对人生有了深切体察，这为他日后接过家族生意的权杖打下了坚实基础。

李泽楷在年仅13岁的时候，就被送到美国读书。在这离家万里的陌生地方，没有知心朋友，没有随叫随到的佣人，也没有父母无微不至的照顾，一切都要依靠自己去打理。李泽楷后来把他在美国留学的日子称为"人生最孤独的日子"，但是，这也是他通向成功的起点。李嘉诚很是有自己的一套教子之道。一方面他教育孩子做人做事的学问，把他们送到国外最好的学校读书，还让他们到公司得到锻炼。另一方面，李嘉诚没有捆绑住孩子手脚的想法，甚至支持孩子自立门户。他豁达地说："年轻人到底有自己理想，和黄管理层有足够人手，我不会强迫他做。"对于儿子李泽楷单飞，李嘉诚也是十分支持的。

李嘉诚对子女的良苦用心，是很清楚的，他的目的就是磨炼他们，让他们成才。李嘉诚说，作为父母，让孩子们在十五六岁时就远离家乡，远离亲人，当然有些于心不忍，但是为了他们的将来，就要忍心。不管你拥有多少家财，对于孩子，应该从小培养他们独立自强的能力，特别不能让他们养成娇生惯养、任意挥霍的生活习惯。

李嘉诚曾经说："如果子孙是优秀的，他们必定有志气，会选择独立自强的道路，不依赖父母，凭借个人的实力去独闯天下。反言之，如果子孙没有出息，不长志气，不求上进，一味追求物质生活的奢华享乐，好逸恶劳，动辄搬出家父是某某，那么留给他们的万贯家财只会助长他们贪图享受、骄奢淫逸的恶习，他们将一无所成，成为名副其实的纨绔子弟，甚至还会变成危害社会的蛀虫"。

让我们看看李泽钜的成长经历：1962年，生于香港。70年代中期被送往加拿大就读中学。其后，入美国斯坦福大学学习，先后获土木工程学士、结构工程硕士、建筑管理硕士三项学位。1987年，学成回港，入长实集团总部工作。1988年，征得其父李嘉诚的同意和支持，开始策划万博豪园工程。同年，被任命为太平洋协和发展公司董事，专门负责此项工程，其后大获成功。1993年，升任长实集团副董事、总经理。1999年1月1日，升任长实集团董事、总经理。

在许多人看来，子承父业、子继父位是顺理成章的事。但是，李嘉诚在确定儿子李泽钜的继承人地位之后，并没有简单地予以宣布，而是让李泽钜放手一搏，以自己的业绩来确定其在企业领导中的地位，让他们凭借自己的实力在商场博弈，这的确是一种家族财富传承的大智慧。

李嘉诚放飞孩子，给孩子自由发展的空间，开阔孩子的视野，见多识广，遇事方能从容不迫，才有面对困难时非凡的勇气以及战胜困难的决心。

相信每个孩子都想做一只在天空中自由飞翔的雄鹰，而不愿做一只在金丝笼中被人饲养的鹦鹉。就像歌里所唱的那样："我知道我要的那种幸福，就在那片更高的天空，我要飞得更高飞得更高，狂风一样舞蹈挣脱怀抱，我要飞得更高飞得更高，翅膀卷起风暴心生呼啸，飞得更高。"

每个孩子都向往那种广远与深邃，每位家长都希望自己的孩子飞得更高更远。希望天下父母把孩子从笼中放飞，让他们去经历风雨，让他们去打造雄健的双翅。经风雨历练的心灵才更坚强，才有面对困难和挫折的勇气，才能临阵不乱，方能成就大业。

没有一个成功的商人是从小被养在温室里的花朵。孩子是需要锻炼的，只有经历了一些磨炼，才能让孩子变得坚强，才能更好地面对这个世界。在这个弱肉强食的商业社会，温室里的花朵必然惨遭淘汰。真正崛起的，会是那些被放飞的孩子。父母不会永远陪在孩子身边，为了他们的未来，像李嘉诚一样，放飞孩子，切莫带着狭隘的思想溺爱孩子，要知道，放飞孩子是为了他们的未来。

让孩子独自去"闯荡"

现在的"小皇帝"、"小公主"过着衣来伸手，饭来张口的日子，似乎已经忘却了"闯荡"的含义，家长呢，更是对孩子呵护有加，捧在手里怕掉了，含在嘴里怕化了，不愿放手让孩子凭自己的本事去闯一闯。这样的爱，是狭隘又自私的，不利于孩子自立能力的培养。孩子走向社会后，依赖心理会很重，事业的发展也会受到影响，在弱肉强食的商海中必然处于不利地位。说得过分一点，在"六亲不认"的商业领域，一个没有自立能力的孩子是没有未来的。试想，一个人尚不能自立，又何谈立业？先立己，再立业，才是成功之道。

关于这一点，我们应该看看李嘉诚是怎么做的。首先，李嘉诚注重培养孩子的志向。李嘉诚认为，如果子孙是优秀的，他们必定有志气，选择用自己的实力去独闯天下。他说，孩子一定要选择独立自强的道路，自己凭借个人的实力去独闯天下；如果不求上进，一味追求物质生活的奢华享乐，好逸恶劳，骄奢淫逸，只能成为一无是处的纨绔子弟，根本不能继承家族事业。

当年李泽钜和李泽楷都以优异的成绩从美国斯坦福大学毕业。然而当他们想进入父亲的公司施展才华时，父亲却对儿子们说："我的公司不需要你们！"兄弟俩愣住了，说："爸爸，别开玩笑了，您有那么多公司，就不能安排我们工作？"李嘉诚斩钉截铁地说："别说我只有两个儿子，就是有二十个儿子也能安排工作。但是，我希望你们先去打自己的江山，让实践证明你们有资格到我公司来任职。"

兄弟俩再次离开了香港地我，来到加拿大，白手起家，一切从零做起。磕磕绊绊之后，终于有所成就，李泽钜成功经营了一家地产开发公司，李泽楷则成了多伦多投资银行最年轻的合伙人。在他们创业过程中，李嘉诚冷酷得不近人情，什么都不管不问，任凭哥儿俩在商海里挣扎拼搏。在李嘉诚的培养下，两个儿子在独立处理加拿大世界博览会旧址的庞大发展规划，以及策划收购美国哥顿公司"垃圾债券"等一系列大动作中，都表现出惊人的胆识和灵敏的商业头脑，李嘉诚曾自豪地说："即使我不在，凭着他们个人的才干和胆识，都足以各自独立生活，并且养家糊口，撑起家业。"

李嘉诚对孩子的要求"从下层锻炼做起"，"要看他们自己的才干和实绩"，而不能"自视特殊，子凭父贵"，激励李氏兄弟勇敢闯荡，为其以后继承庞大家业奠定了良好基础。

在许多人看来，子承父业、子继父位是顺理成章的事。李嘉诚的"冷酷无情"，把孩子逼上自立、自强之路，陶冶了他们勇敢坚毅、不屈不挠的人格和品性。只有让孩子多闯荡，多见世面，他们才会懂得任何事都不是轻而易举就能成功的，成功需要付出艰辛和汗水，他们也才能加倍珍惜父亲栉风沐雨打下来的江山。

对于李嘉诚来讲，他时刻都尊重着孩子们的选择，给他们成长的机会。

为了让李泽楷得到更大的发展，李嘉诚非常支持自己小儿子独立创业。他没有直接告诉小儿子应该怎样做，而是让他充分发挥自己的才能，自己做决定，只是在适当的时候给一点点暗示。李泽楷也同样在父亲的鼓励下得到充分的锻炼，短短几年就成为香港地区的新"超人"。

一次，李嘉诚接受了《亚洲周刊》的独家专访，在这次专访中，李嘉诚谈到，对于李泽楷的创业，李嘉诚有充分的理由放心，他说：泽楷和世界很多在新科技领域极有成就的公司和人物来往密切，过去几年，花了大量时间和不少投资及心血在高科技事业上，以他的工作表现和经验，可以在很多国家，尤其是西方国家找到发展空间。即使面对像数码港这样的压力，面对未来的挑战，他还是要立根于香港，这是成熟和热爱香港的表现。

自古英雄多磨难，从来纨绔少伟男。作为家长，你要教孩子走路，但应让孩子自己去走；作为子女，你要学走路，且不依赖父母的力量独立行走。家长们，学学李嘉诚的魄力，放手，让孩子勇敢去闯，闯出自己的一片天空。自己闯出来的事业才精彩，自己闯荡出来的天空才美丽，自己创造的财富才真实。栽种在温室里花草永远不会有野外的花草坚强，想要孩子更有能力，就要学会放手。